猪病误诊解析
彩色图谱

张弥申 吴家强 主编

中国农业出版社

图书在版编目（CIP）数据

猪病误诊解析彩色图谱／张弥申，吴家强主编.—
北京：中国农业出版社，2014.4
ISBN 978−7−109−19018−4

Ⅰ．①猪…　Ⅱ．①张…　②吴…　Ⅲ．①猪病−误诊−
图谱　Ⅳ．①S858.28−64

中国版本图书馆CIP数据核字（2014）第058074号

中国农业出版社出版
（北京市朝阳区麦子店街18号楼）
（邮政编码　100125）
责任编辑　黄向阳　周晓艳

北京中科印刷有限公司印刷　　新华书店北京发行所发行
2014年5月第1版　　2014年5月第1版北京第1次印刷

开本：880mm×1230mm　1/32　印张：4.625
字数：132千字
定价：50.00元
（凡本版图书出现印刷、装订错误，请向出版社发行部调换）

张弥申（张米申），男，汉族，1963年2月生，山东鱼台人，中国农业大学动物医学专业。工作单位：江苏沛县兽医站，执业兽医师。社会兼职：江苏徐州昭阳湖种猪场技术总监，另外兼任几家猪场技术顾问。

　　擅长猪病临床和剖检，在近20年的临床诊疗工作中，拍摄了大量的动物疾病临床症状的DV和剖检图片。并根据兽医理论结合临床经验做了一些讲座课件，服务于养殖、兽药、饲料等公司以及一些猪病研讨会，受到好评。

　　主编或参加编写多部兽医书籍：

　　《十大猪病多病例对照诊治与防控图谱》主编（中国农业科学技术出版社，2013年出版，张弥申著）。

　　《规模化猪场疾病信号监测诊治辩证法一本通图谱》副主编（中国农业科学技术出版社，2013年出版，宣长和著）。

　　《猪常见病快速诊疗图谱》副主编（山东科学技术出版社，2012年出版，吴家强著）。

　　《猪病类症鉴别诊断与防治彩色图谱》副主编（中国农业科学技术出版社，2011年出版，宣长和著）。

　　《猪病诊治彩色图谱》编者（中国农业出版社，2010年出版，潘耀谦著）。

　　《猪病诊断与防治原色图谱》副主编（金盾出版社，2010年出版，王春傲著）。

　　《猪病学》第三版副主编（中国农业大学出版社，2010年出版，宣长和著）。

　　《猪病诊疗原色图谱》编者（中国农业出版社，2008年出版，潘耀谦著）。

　　《兽医病理学原色图谱》编者（中国农业出版社，2008年出版，陈怀涛著）。

　　吴家强，男，1975年2月出生，山东诸城人，博士，现任山东省农业科学院畜牧兽医研究所副所长，山东大学、青岛农业大学研究生导师。

　　研究领域与成果论文等：主要从事猪蓝耳病和副猪嗜血杆菌病的分子免疫学和新型疫苗研究，致力于大型规模化猪场的疫病快速检测和系统防控工作。现主持国家自然科学基金、山东省现代生猪产业技术体系岗位专家基金、山东省优秀中青年科学家科研奖励基金、企业横向课题等科研项目。荣获国家科技进步二等奖1项、山东省科技进步一等奖1项、全国农牧渔业丰收二等奖1项、山东省农牧渔业丰收一等奖1项，其他科技奖励4项。出版著作4部，发表论文89篇，其中SCI论文15篇。制定山东省地方标准6项，获得授权发明专利5项。

　　主要社会兼职与荣誉称号：中国畜牧兽医学会家畜传染病学分会理事，山东科技协会常委，山东省畜牧兽医学会养猪专业委员会常务理事，山东省帮扶阳谷县驻村"第一书记"专家服务团团长。获得"山东省有突出贡献的中青年专家""山东省杰出青年岗位能手""第九届山东省青年科技奖"等荣誉称号，入选山东省委组织部"高层次人才库"，记二等功和三等功奖励各1次。

本书编写人员

主　编：张弥申　吴家强

副主编：王　蕾（齐鲁动物保健品有限公司）

　　　　魏可锋（山东省畜牧业贸易服务中心）

　　　　张广勇（江苏省沛县农业委员会）

　　　　蒋　岩（江苏沛县兽医卫生监督所）

　　　　张长征（江苏沛县兽医站）

　　　　宋光亮（江苏沛县兽医站）

　　　　刘庆军（徐州汉黎农牧发展有限公司）

　　　　李成沛（徐州沛县农业干部学校）

　　　　王　辉（山东济宁原种猪场）

编写人员（排名不分先后）：

　　　　杜以军　张玉玉　陈　蕾　郭立辉　任素芳

　　　　陶海英　范玉峰　王进簧　丁　沛　王全丽

　　　　王兆亮　王绍成　王祥秀　史先锋　刘　涛

　　　　刘夫利　朱红陆　朱本立　朱家春　李正福

　　　　李月山　李臣贤　李方英　赵　英　张晓旭

　　　　张晓康　张德江　姬广东　夏芝玉　高　健

　　　　甄宗伦　张仁猛　刘元召　耿　松　赵广银

主　审：宣长和（黑龙江八一农垦大学）

前　言

　　临床上只要有诊断，就可能有失误。误诊现象始终伴随着诊断的全过程。猪病诊疗工作中，误诊率也是较普遍的。然而，由于误诊有失误的含意，兽医误诊常被视为技术水平差或不负责任。因此，兽医们对误诊常持有回避的态度，不愿意触及，怕有损自己的声誉。"只提过五关斩六将，不提败走麦城"。实际上，总结失误吸取教训与总结学习成功经验一样重要，"吃一堑长一智"，就是这个道理。所以，我们要摒弃死要面子活受罪的观念，以实事求是的态度正视误诊，总结分析误诊的原因，找出不足，加以应对。只有这样才能更好地提高诊疗水平，减少误诊的发生。

　　猪病误诊，是兽医临床诊断中迫切需要解决的问题。对养猪场（户）而言，误诊加重了猪只死亡数量，增加了医疗费用和劳动强度，影响了经济效益。展开讲，影响我国养猪业的健康发展。同时误诊时增加的投药量，影响了猪肉品质，污染环境，严重影响食品安全和猪肉进出口贸易，也使动物福利得不到应有的保障。

　　在猪病临床诊疗中，主要经过流行病学调查、临床症状观察、剖检变化检查和实验室检验等几个步骤进行诊断。然而，由于技术水平、医疗设备等方方面面的原因，使较重要的一步实验室检验形同虚设。而剖检专业性较强，又需要长期的经验积累，养殖从业者可能又不配合，使得此项检查变得较为困难。流行病学调查有时并不被人们所重视。如此一来，目前猪病诊断主要是临床症状观察。无奈的是，临床症状的某一个或几个表象，可能被两种或多种猪病所有，这就可能使兽医迷茫、不知所措。"老虎吃天爷，无从下口"，到底哪种病说不清。另外，临床诊疗思维定式：先常见病，后少见病，先器质性疾病，后功能性疾病，在长期的临床实践中已形成了某种程度的思维惯性。这也可能是某些不常见病误诊为常见病的重要因素；有些兽医或养殖场（户）技术人员，跟风炒作。譬如2006年以来，只要皮肤发绀，一律诊断为猪蓝耳病。这种诊断惯性，即说得过去，大家也认可，只可惜冤枉了猪蓝耳病，"真不是我干的"。因此，在猪病临床诊疗中，必须有扎实的理论根基和丰富的临床经验做后盾，理论与实践经验结合，片面与具体统一，这样才能作出比较客观、公正的诊断。

　　本书主要是笔者在临床诊疗中遇到的误诊病例，用误诊原因及案例、误诊鉴别表、误诊实图解析、误诊分析与讨论和实验室检验五个部分进行总结和分析。目的是想与兽医同行和广大畜牧兽医爱好者分享笔者临床误诊见闻，彼此间互相学习。误诊原因及案例：主要介绍不同猪病有相似的症状，误诊的实际案例形象生动介绍发病诊疗过程；误诊鉴别表：用表格的形式简单地介绍易混淆疾病的理论，主要引导大家从理论上认识各病的概况和特点；误诊实图解析：用实图展示易混淆疾病的临床症状、剖检等特点（这部分需要说明的是，图片主要以两病的不同点为鉴别，因此有些疾病常见的临床或病理表现图片，并未列入），使读者直观地感受易混淆疾病的不同之处。每个误诊案例中的一个病均采用4张图片，也就是说用8张图片解析两种病的不同特点。不过，为了直观解析，每种病采用的4张图片，并不一定完全来自一个案例，也选用了其他案例中的部分典型图片来充实；误诊分析与讨论：分析、讨论并理清误诊案例的不同之处、被误诊疾病的流行情况和对策，从而最大限度地减少误诊的发生；实验室诊断部分：简单介绍了实验室鉴别诊断。

　　在本书编写过程中，得到了沛县农业委员会领导的关怀和大力支持。在此，表示衷心的感谢。

　　为了与养猪从业的同仁更好地沟通、探讨猪病，请联系：E-mail：zhmshpx@126.com；　QQ:4064863。

编　者

2013年6月

CONTENTS ·

目　录

第一章

病毒性疾病的误诊

一、传染性胃肠炎与猪流行性腹泻相互误诊

（一）误诊原因及案例

传染性胃肠炎、猪流行性腹泻相互误诊几乎很难杜绝：①临床上症状和病变，二者之间相对而言，均无特征性；②两病发病时间都主要在冬春季节；③传染性强，可波及任何年龄；④乳猪发病率与死亡率均高，成年猪很少死亡。

案例： 因目前二者均无特效药物治疗，误诊并不意味着误治，故误诊危害并不大。在此不介绍案例，只对两种病简单介绍。

传染性胃肠炎： 有明显的季节性，常发于深秋、冬季和早春，可通过消化道和呼吸道感染。1周内哺乳仔猪死亡率可达100%。

临床症状： 突然呕吐和腹泻，几日内可波及全群。受感染的仔猪快速脱水，1周龄内仔猪2～4天死亡，死亡率几乎100%；随着年龄的增长，30日龄后，少见死亡；成年猪的临床症状只限于下痢、减食，偶尔会呕吐。通常在1周内恢复。病猪体温可短暂升高到40℃。排糊状至水样便，黄灰色、灰白色不等，恶臭。乳猪粪便含未消化的凝乳块，粪便恶臭，呈黄白色或浅绿色。

病理变化： 胃充满凝乳块，黏膜充血；外观肠壁菲薄，半透明，内充满黄色含凝乳块、泡沫的液体。

猪流行性腹泻： 是由病毒引起猪的一种急性肠道传染病。每年12月份至翌年1～2月多发，夏季也有发病的报道。可发生于任何年龄的猪，成年母猪也有不表现临床症状的。年龄越小，症状越重，死亡率越高。主要感染途径是消化道。如果一个猪场陆

续有不少窝仔猪出生或断奶，病毒会不断感染失去母源抗体的断奶仔猪，使本病呈地方流行性。

临床症状：患猪水样腹泻，或者在腹泻之间有呕吐。呕吐多发生于吃食或吮乳后。症状的轻重随年龄的大小而有差异，年龄越小，症状越重。1周龄内新生仔猪发生腹泻后3～4天，呈现严重脱水而死亡，死亡率可达50%，最高死亡率可达100%。病猪体温正常或稍高，断奶猪、母猪常精神委顿、厌食和持续性腹泻大约1周，并逐渐恢复正常。成年猪症状较轻，有的仅表现呕吐，重者水样腹泻3～4天可自愈。

病理变化：限于小肠，小肠扩张，内充满黄色液体，肠系膜充血，系膜淋巴结水肿。

治疗：二者均无特效治疗药物，用鸡瘟Ⅰ系疫苗20倍量肌内注射，补液盐和高锰酸钾交替口服有一定治疗效果（只是参考）。

（二）误诊鉴别表

病名	流行情况	临床症状	剖检变化	药物治疗
传染性胃肠炎	12月至翌年4月发病；波及所有年龄，乳猪发病、死亡率可达100%	体温正常或偏高，传播快，几天内可波及全群；典型症状是呕吐较严重，伴有水泻，粪便颜色不等，黄色、绿色或白色，因脱水体重迅速下降	病变在胃和肠道，以小肠病变为主，表现为肠壁变薄透明，内容物稀如水，黄色，胃底出血	无特效治疗药物
猪流行性腹泻	不分年龄，12月至翌年1～2月多发，夏季也有发病报道；可发于所有年龄；成年猪多不出现死亡；乳猪死亡率可达50%	腹泻、脱水，初便黏稠，后水样便；伴较轻呕吐，有的可能不出现呕吐；精神沉郁，消瘦衰竭；1周内猪常于泻后4天内死亡；断奶猪、育肥猪症轻，7天后渐恢复	肠壁变薄，肠内有黄色黏稠液体，小肠黏膜绒毛大部分萎缩变短；全身淋巴结肿大、出血	无特效治疗药物

（三）误诊实图解析

误诊实图详见图1-1-1至图1-1-8。

图1-1-1 传染性胃肠炎
突然呕吐和下痢，很快波及至全群

图1-1-2 传染性胃肠炎
有的先呕吐，接着腹泻

图1-1-3 传染性胃肠炎
肠系膜血管扩张、乳糜管内无乳糜

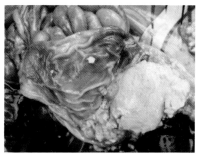

图1-1-4 传染性胃肠炎
胃底潮红，充血和出血

图1-1-5 猪流行性腹泻
水样便

图1-1-6 猪流行性腹泻
1周内乳猪死亡率高

图1-1-7 猪流行性腹泻
胃黏膜充血

图1-1-8 猪流行性腹泻
肠壁变薄

（四）误诊分析与讨论

传染性胃肠炎和猪流行性腹泻分别是由猪传染性胃肠炎病毒和猪流行性腹泻病毒引起的以猪呕吐、腹泻、脱水为特征的传染病。二者在流行病学和临床症状方面无显著差别：①传染性胃肠炎死亡率比流行性腹泻要高，传播的速度较流行性腹泻快；②传染性胃肠炎的流行期很少超过2个月，而流行性腹泻可长达6个月；③传染性胃肠炎患猪呕吐严重，多是首先出现呕吐，继而腹泻；成年母猪发病，突然呕吐、拒绝采食，多在出现以上临床症状的第2天开始腹泻，3～5天陆续采食；④流行性腹泻呕吐较轻，一般是在采食或吮乳后出现呕吐；⑤病变观察，传染性胃肠炎胃充血、出血情况要明显比流行性腹泻严重；⑥传染性胃肠炎哺乳仔猪死亡率高达100%，而流行性腹泻哺乳仔猪死亡率一般不超过50%。

抓住以上这些要点，可减少传染性胃肠炎和流行性腹泻的误诊，对针对性的防疫注射疫苗是有积极作用的。就是说如果诊断为传染性胃肠炎，就用传染性胃肠炎疫苗免疫接种；如果诊断为流行性腹泻，就用流行性腹泻疫苗免疫接种。这是一种乐观的想法。实际上，目前市面上用的疫苗，几乎都是传染性胃肠炎和流行性腹泻二联苗。治疗上，二者均无特效药物，严重案例治疗时，多是对症治疗强心、补液。因此，二者误诊，并不意味着误防或误治。

（五）实验室鉴别诊断

根据GenBank收录的PEDV M基因和TGEV N基因序列，设计合成能分别特异性扩增传染性胃肠炎病毒（TGEV）和猪流行性腹泻病毒（PEDV）相应基因的引物，在优化RT-PCR反应条件以及敏感性试验和特异性试验等基础上，建立能同时检测TGEV和PEDV的复合RT-PCR检测技术，是一种省时、省力的检测方法（图1-1-9），适合用于开展TGE及PED的流行病学调查。

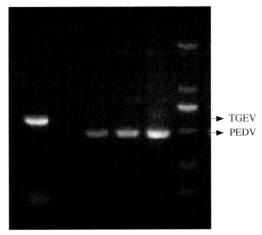

→ TGEV
→ PEDV

图1-1-9　TGEV和PEDV复合RT-PCR检测技术

二、猪痘误诊为猪圆环病毒病

（一）误诊原因及案例

猪痘误诊猪圆环病毒病也较常见。就目前看，无论猪场技术人员或养猪户，这种误诊现象都有出现。主要原因：①圆环病毒病皮肤斑疹发病的不同阶段，皮疹颜色、连片情况不同，猪痘痘疹与圆环病毒皮疹有时十分相似；②体温：两病都有体温升高现象，但同时也有体温不高的表现；③抗生素治疗无效。

案例： 2012年5月，某养殖场架子猪发生一种以体温升高、皮肤疹块和高度传染性为特征的疾病。该场兽医诊断为圆环病毒病（皮炎肾病综合征），随后用抗病毒药物进行治疗，同时对尚未发病猪群紧急注射猪圆环病毒疫苗。在随后的几天里发现，虽然用大量药物治疗，但并未抑制猪病的发生和蔓延。情急之下，要求笔者出诊。

临床症状：发病对象主要是保育猪和育肥猪，细看哺乳仔猪也有个别发生，但不典型。典型案例出现孤立圆形丘疹，突出于皮肤表面，边缘隆起中央凹陷似"肚脐"；也有少数案例逐渐发展成水疱，后转为脓疱破溃形成痂皮。患猪多数饮水，进食不受影响。有时有痒感，但多数不表现此症状。传染快，同群猪感染率5～7天可达100%，但无一例死亡。

根据以上症状，结合实验室检验诊断为猪痘。该病一般情况不需治疗，患猪20天左右即可康复。

（二）误诊鉴别表

病名	流行情况	临床症状	剖检变化	药物治疗
猪痘	猪虱、蚊蝇均可作为媒介；发病呈季节性，康复猪产生免疫力；传染快，同群猪感染率可达100%	痘疹中央凹陷如肚脐	同症状	无特效治疗药物
猪圆环病毒2型	常见5～16周龄猪，极少感染乳猪；急性死亡率可达10%；常由于并发或继发感染使死亡率增加	典型的皮肤损害，发生瘀血、瘀点或瘀斑，呈紫红色；在猪的远心端或后躯皮损严重；贫血、浅表淋巴结肿大，可肿至3～4倍	黄色胸水或心包积液；全身淋巴结肿大，肾小球性肾炎和间质性肾炎，表面可见瘀血点，花斑状	无特效治疗药物

（三）误诊实图解析

误诊实图详见图1-2-1至图1-2-8。

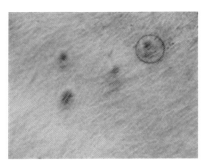

图1-2-1 猪 痘
典型孤立肚脐状丘疹

图1-2-2 猪 痘
痘疹棕色结痂

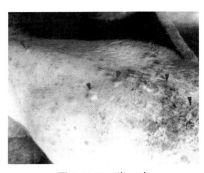

图1-2-3 猪 痘
有时发展成脓疱破溃痂皮

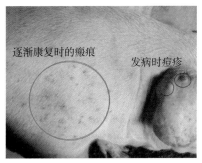

图1-2-4 猪 痘
恢复期留下的瘢痕

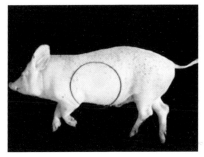

图1-2-5 猪圆环病毒病
贫血、远心端疹严重

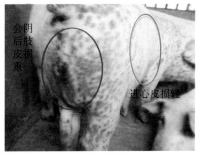

图1-2-6 猪圆环病毒病
会阴后躯重，近心皮损轻

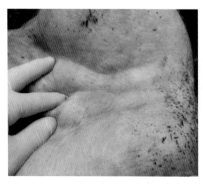

图1-2-7　猪圆环病毒病
腹股沟淋巴结肿大

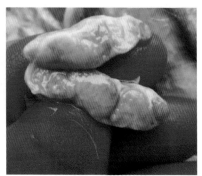

图1-2-8　猪圆环病毒病
淋巴结异常肿大，切面多汁

（四）误诊分析与讨论

　　二者虽然都有皮损，某个阶段可能皮疹外观有时较难区别，不过以下几点可较好帮助鉴别：①猪痘传播快，感染率高，除了有患病史外（从前得过该病），一般都感染，而圆环病毒病（皮炎肾病综合征）传播相对较慢，主要侵害架子猪；②猪痘中央凹陷如肚脐，多是孤立的，密度稍小。有时猪痘发展有一个循序渐进的过程：斑点（发红）-丘疹（水肿的红斑）-水疱（从痘病变流出液体）-脓疱或形成硬皮。而圆环病毒病皮疹起疹急，有时一夜突然遍布全身，且密度大；③猪痘有明显季节性，查阅笔者近6年临床上拍摄图片日期，主要发生在5～7月份，而且90%发病集中在5月15日至7月13日（笔者拍摄数据资料主要来自苏、鲁、豫、皖部分地区，数据可能不适合其他地区，读者只作参考）；④猪痘痘疹主要发生于躯干的下腹部、四肢内侧、鼻镜、眼皮、耳部等无毛和少毛部位，而圆环病毒病可引起多个系统衰竭，进行性消瘦，皮肤苍白贫血，皮疹远心端或后躯最为严重；⑤猪痘一般死亡率极低，除痘疹外，几乎没有其他病变，而圆环病毒病全身淋巴结肿大，肾肿大花斑状。只要全方位了解，细心观察，诊断失误是可以避免的。

（五）实验室鉴别诊断

可以采用免疫组织化学技术或免疫荧光技术检测组织病料中猪痘或圆环病毒2型抗原，也可设计特异性引物，采用PCR技术检测血液或组织病料中的猪痘或圆环病毒2型抗原。

三、猪圆环病毒病误诊为猪瘟

（一）误诊原因及案例

猪圆环病毒病临床上有两种形式出现：以贫血、进行性消瘦为特征的断奶仔猪多系统衰竭综合征和以皮肤丘疹为特征的皮炎肾病综合征。误诊原因：①二者均出现高热；②抗生素治疗均无效；③圆环病毒病皮炎多表现丘疹，一旦表现皮肤出血斑，就更容易误诊为猪瘟，兽医发现这类病变时需要有心理准备，因为它的外表病变与猪瘟的非常相似。

案例：2013年8月25日，某养猪场技术人员带来1头15千克左右的病死猪，要求笔者诊断。临床症状：外购仔猪有一窝发病，该窝猪有10头，目前有3头发病，具体免疫情况不详。主要症状是发热（多在41℃以下）、消瘦、被毛粗乱、皮肤出血斑。以为是猪瘟，曾用猪瘟细胞苗进行紧急接种，今天死亡1头，发病约1周。

临床症状：病死猪消瘦明显，眼睑水肿、皮肤苍白，但苍白的皮肤上、眼周围都有多量出血斑点，酷似猪瘟。但检查腹股沟淋巴结却异常肿大。

病理变化：病死猪胸腔和心包内有大量积液，肺见间质性肺炎。全身淋巴结肿大，股下淋巴结肿大3倍以上，切面苍白多汁。肾脏呈淡黄色，表面有散在大小不等的灰白色坏死灶花斑状。

根据主诉发病情况、临床症状、剖检变化、实验室检查诊断为猪圆环病毒病。

（二）误诊鉴别表

病名	流行情况	临床症状	剖检变化	药物治疗
猪圆环病毒病	多数猪群存在，单独存在时很少引发疾病；带毒猪可能通过鼻腔、粪便及精液向外排泄，主要通过猪与猪间的接触传播；发病率一般低于5%，死亡率可达50%	10～16周龄的猪只易感；皮下有圆形的红色或棕色丘疹，有的可见出血斑；猪只消瘦，体表淋巴结显著肿大	淋巴结异常肿大，出血情况不定，可能与混合感染有关；胃可能溃疡，肾脏色淡并有出血性病变，出血性病变也见于肺脏、大肠和小肠	无特效治疗药物
猪瘟	强毒株感染呈流行性，温和性毒株（中等毒力）感染呈地方流行性，而低毒力株先天感染（胎盘、胎儿感染）呈散发性	稽留热，体温40～42℃；精神沉郁，伏卧喜睡、寒战、扎堆；弓背，后肢无力，结膜炎，先便秘、后腹泻；耳根、腹部、四肢内侧等处有指压不褪色的紫红色出血点	淋巴结轻微肿大或不肿大，暗红，切面周边出血；肾呈雀卵状，脾脏边缘梗死，喉头黏膜、会厌软骨、膀胱黏膜、心外膜、肺及肠浆膜、黏膜均可见出血；慢性盲肠、结肠及回盲口处黏膜上形成纽扣状溃疡	无特效治疗药物

（三）误诊实图解析

误诊实图详见图1-3-1至图1-3-8。

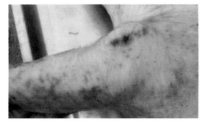

图1-3-1　猪圆环病毒病
该病少见的出血斑（酷似猪瘟）

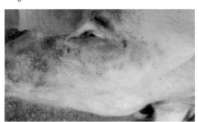

图1-3-2　猪圆环病毒病
眼睑出血斑点，结膜、巩膜未见出血

图1-3-3　猪圆环病毒病
肾炎，花斑状

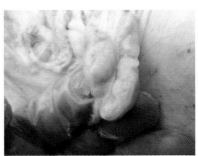

图1-3-4　猪圆环病毒病
腹股沟淋巴结灰白色，肿大3倍以上

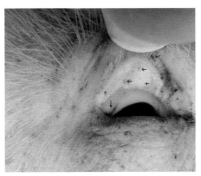

图1-3-5　猪　瘟
除皮肤出血外，眼结膜、巩膜均出血

图1-3-6　猪　瘟
结肠坏死，"烂肠瘟"

图1-3-7　猪　瘟
淋巴结周边出血"大理石"状

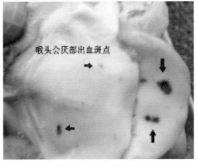

喉头会厌部出血斑点

图1-3-8　猪　瘟
喉头黏膜出血斑

（四）误诊分析与讨论

虽然从皮肤出血斑点的变化，很难鉴别，但是：①猪瘟患猪体温明显高于猪圆环病毒病患猪；②圆环病毒病患猪体表淋巴结异常肿大；③猪圆环病毒病皮损除急性病例出现出血斑点、高死亡外，其他病例多是突出于皮肤表面丘疹状；④猪瘟患猪死亡率极高，可达90%以上；而单发圆环病毒病患猪，发病率和死亡率均低；⑤剖检病死猪：圆环病毒病以全身淋巴结异常肿大（3～5倍）、"花斑"肾和间质性肺炎为特征；而猪瘟剖检则以脾脏梗死、全身淋巴结、喉头黏膜出血以及"烂肠瘟"等为特征。

猪圆环病毒是近年来新发现的一种主要感染仔猪或青年猪的传染病。患猪主要表现为渐进性消瘦、生长发育受阻、体重减轻、皮肤苍白或有黄疸，有呼吸道症状，有时腹泻。目前，该病是世界各国公认的制约养猪业发展的重要疫病之一。猪圆环病毒引起皮炎肾病综合征。主要危害生长猪，造成猪只生长速度缓慢、饲料报酬降低，死亡率上升，而且猪群发病后由于免疫功能受抑制，易继发其他疾病。本病皮肤多见丘疹状皮损，该病例误诊，主要是临床出现皮肤（耳、脸、腹侧、腿及臀部）出血斑，这种皮肤病变与猪瘟的病变非常相似。该病如果出现丘疹，病程较长。一旦皮肤出现出血斑病变后就可突然死亡。因此，临床诊疗时一定要注意鉴别。虽然，两病都是病毒性疾病，确诊后也均无特效治疗药物，但是确诊后，对免疫接种、预防或净化提供了依据。因此，无论误诊是否意味着误治，确诊是极其重要的。

（五）实验室鉴别诊断

猪圆环病毒病的实验室鉴别诊断时，可见淋巴组织内淋巴细胞减少，单核吞噬细胞类细胞浸润及形成多核巨细胞。若在这些细胞中发现嗜碱性或两性染色的细胞质内包含体，则可以确诊。也可采用免疫组织化学技术或免疫荧光技术检测组织病料中猪瘟或圆环病毒2型抗原。还可设计特异性引物，采用PCR技术检测血液或组织病料中的猪痘或圆环病毒2型抗原。

猪瘟，可采集血液或淋巴结、脾脏、扁桃体等病料，进行RT-PCR检测，扩增出特异性猪瘟病毒核酸条带者判为阳性。另外，还可用免疫荧光抗体检查、酶标记组织抗原定位法、兔体交互免疫试验、血清中和试验、猪瘟单克隆抗体纯化酶联免疫吸附试验等方法进行确诊。

四、猪轮状病毒病误诊为仔猪白痢

（一）误诊原因及案例

猪轮状病毒病误诊为仔猪白痢要想在临床上鉴别确有难度，相似之处较多：①7～10日龄发病后出现腹泻；②均出现白色或灰白色下痢；③体温变化也都不大。

案例：2011年3月，某猪场发生一种以呕吐、腹泻为特征的疾病。

临床症状：粪便黄白色或灰白色，呈水样或糊状。猪场技术人员根据粪便情况诊断为仔猪白痢，随用庆大霉素和654-2混合肌内注射，腹泻很快减轻，但临床总体症状没有减轻，间隔一夜，又开始腹泻。再用环丙沙星注射液仍无效，随后请求会诊。

临床症状：患病仔猪精神沉郁，食欲不振，走动无力，有些吃奶后发生呕吐，继而腹泻，排黄白色、灰白色不等的稀便，仔细观察稀便混有未消化的凝乳块。因有灰白色粪便，于是对猪场技术人员诊断为仔猪白痢病产生怀疑。近一步观察发现该病波及猪场保育猪，发病乳猪死亡率较高，抗生素治疗无效。

病理变化：病变主要在消化道，胃壁弛缓，充满凝乳块和乳汁；肠管变薄，小肠壁薄呈半透明，内容物为液状，呈灰黄色或灰黑色，小肠绒毛缩短，有时小肠出血，肠系淋巴结肿大。后经实验室确诊为轮状病毒病。

（二）误诊鉴别表

病名	流行情况	临床症状	剖检变化	药物治疗
猪轮状病毒病	冬天寒冷季节，新疫区偶见暴发；多为散发；10～56日龄，以10～28日龄更易感染，传播快	呕吐、腹泻，粪黄白色或黑色，较腥臭，呈水样或糊状，常混有未消化的凝乳块、呈酸性	胃内有凝乳块；小肠壁菲薄半透明，小肠内容物呈水样，结肠、盲肠多膨胀，乳糜管无乳糜	无特效治疗药物
仔猪白痢	10～20日龄仔猪易感，饲养管理及卫生差，气温剧变，阴雨连绵等状况多发，病程2～10天	以排出乳白色或灰白色腥臭的浆糊状，一般不含凝乳块、以有气泡粪便为特征，呈碱性	胃肠卡他性炎症，胃积凝乳块、黏膜尤以近幽门部潮红肿胀；结肠内白色浆状或油膏状物，部分黏附于黏膜上，不易完全剥离，乳糜管多有乳糜	抗生素、磺胺类药物均有效

（三）误诊实图解析

误诊实图详见图1-4-1至图1-4-8。

图1-4-1 猪轮状病毒病
传播快，死亡高

图1-4-2 猪轮状病毒病
胃内有凝乳块

图1-4-3 猪轮状病毒病
便稀薄，含凝乳块

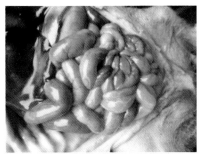

图1-4-4 猪轮状病毒病
小肠壁菲薄，半透明

图1-4-5 仔猪白痢
传播慢，死亡低

图1-4-6 仔猪白痢
便糊状，无凝乳块

图1-4-7 仔猪白痢
不含凝乳块

图1-4-8 仔猪白痢
肠卡他炎，内容物呈白粥状

（四）误诊分析与讨论

虽然猪轮状病毒病与仔猪白痢临床有许多相似之处，但只要猪场技术人员在诊断中，稍有责任心，综合考虑抓住重点，误诊是可以减少和避免的：①轮状病毒病以冬末春初季节最为多发，而气候剧变、阴雨潮湿、母猪乳汁不足或乳汁过于浓稠等均可引起仔猪白痢；②轮状病毒病有呕吐现象，而仔猪白痢患猪一般没有；③轮状病毒病死亡率较高，可达50%以上；白痢，较少死亡；④轮状病毒感染粪便水样,常混凝乳块并呕吐、粪便呈酸性；仔猪白痢排乳白色或灰白色浆糊状无凝乳块，有恶臭,粪便呈碱性；⑤轮状病毒病患猪的治疗无特效药物；而患仔猪白痢时多种抗生素、磺胺类药物有效。

猪轮状病毒病是由猪轮状病毒引起的猪急性肠道传染病。主要症状为厌食、呕吐、下痢，生长育肥猪为隐性感染，不显症状。该病原体除猪外，从小孩、犊牛、羔羊、马驹分离的轮状病毒也可感染仔猪并引起不同程度的症状。该病毒主要存在于病猪及带毒猪的消化道，随粪便排到外界环境后，污染饲料、饮水、垫草及土壤等，经消化道途径使易感猪只感染。排毒时间可持续数天，可严重污染环境，加之病毒对外界环境有顽强的抵抗力，使轮状病毒在生长育肥猪之间反复循环感染，长期扎根猪场。另外，人和其他动物也可散播传染。本病多发生于晚秋、冬季和早春。各种年龄的猪都可感染，感染率最高可达90%～100%。在流行地区由于大多数成年猪都已感染而获得免疫，因此发病猪多是8周龄以下的仔猪。日龄越小的仔猪，发病率越高，发病率一般为50%～80%，死亡率一般在10%以内。一般须通过实验室检查才能确诊。该场技术人员在两次用抗生素无效时，就应感觉误诊，而且保育猪也发病，更能证明不是仔猪白痢。

（五）实验室鉴别诊断

对于仔猪轮状病毒，可设计特异性引物，采用RT-PCR技术检测粪便或小肠组织病料中的轮状病毒抗原。对于仔猪白痢，可取心、肝等组织病料，接种于选择性培养基，然后染色镜检或采用生化试管鉴别致病性大肠杆菌。

五、狂犬病误诊为李氏杆菌病

（一）误诊原因及案例

主要误诊原因：均有步态僵硬、盲目行走、以及兴奋等神经症状。以下病例只是差点误诊，但笔者也编入书中，目的是提醒兽医同仁诊断时注意。

案例：2005年4月某日午夜，某养猪大户突然给笔者打来电话，说有一头仔猪吱吱地叫个不停，无目的乱跑。还不时地乱拱、啃咬其他猪只。不老实，有时还爬跨其他的猪。当时笔者根据养殖户描述的情况，初步考虑有两种病的可能：一是李氏杆菌病；二是狂犬病。但因是圈养，不可能与狂犬直接接触，因此，考虑李氏杆菌病的概率要高。笔者将考虑的两种情况向养殖户说明。但该养殖户却说，该猪确实被狗咬过，而且是疯狗。据该养殖户反应，大约40天前，该猪跳到圈外。疯狗是在咬伤一个成年人、两个小孩和两只小狗后又咬伤该猪的。成年人和小孩被立即送往镇医院，因被咬伤头部，镇医院没有接受，随被转至县人民医院；而被咬伤的两只小狗在20天相继发病，后被处死。据此基本断定是狂犬病。让该养殖户马上连夜隔离病猪，同时对圈舍地面、料槽、饮水器、墙壁、顶棚以及其他猪只立即全方位彻底消毒。特别是对被咬伤猪只全身消毒，以猪身体流水滴为度。经过消毒的同圈猪，后来观察没有发病。说明当时午夜的处理是行之有效的，第2天一早前去就诊。

临床症状：病猪已经隔离，该病猪体重约25千克，体况良好、膘情正常。兴奋不安，横冲直撞，不停地乱跑。用鼻子拱地、磨牙、吱吱地叫，有时抬起头冲着人叫。如果用棍棒伸入圈舍，则立即冲过去，不停地啃咬。端一盆水，倒入饲槽内，马上冲过去喝上几口，抬起头还是吱吱地叫。并无恐水的反应。随有神经兴奋症状，但行动较稳。有时卧地不动，肌肉阵发性抽搐。稍有声音刺激，则呈惊恐状，一跃而起后基本重复以上动作。到后期声音嘶哑，衰竭而死。但整个病程均未见大量流涎的症状。

这个病例如果笔者不把病情分析告知养殖户，养殖户也不可能补充说是该猪习惯逃圈，曾经被患犬咬伤。从此病例可以看出，在猪病诊断过程中，与养殖户沟通是十分必要的，因养殖户或饲养员是猪发病经过的第一见证者。

（二）误诊鉴别表

病名	流行情况	临床症状	剖检变化	药物治疗
狂犬病	健康猪皮肤黏膜损伤，接触病畜的唾液传播，有被病犬、猫咬伤史	猪缺乏沉郁期，发病即发热、颤抖，步态僵硬，兴奋，横冲直撞，应激性增强，攻击人畜，盲目乱跑，最后麻痹而死亡	脑膜肿胀、充血和出血	无特效治疗药物
李氏杆菌病	可能是经消化、呼吸、眼结膜及损伤皮肤传播，龋齿类动物是本菌的贮存宿主；任何年龄的猪均可感染，生长育肥猪严重	神经症状见架子猪，盲目行走，作转圈运动；仔猪败血症，体温升高，精神沉郁，食欲废绝，全身衰竭、咳嗽，呼吸困难，皮肤发绀，腹泻；孕猪常流产	脑膜和脑可能有充血、炎症、脑脊液增多、浑浊，脑干软化，有小脓灶；肝有小炎灶和坏死灶；败血症仔猪有败血症病变和肝坏死灶	磺胺类药物有效

（三）误诊实图解析

误诊实图详见图1-5-1至图1-5-8。

图1-5-1 狂犬病
有被患犬咬伤史

图1-5-2 狂犬病
外伤与患犬唾液接触史

图1-5-3 狂犬病
被患犬咬伤40天后的发病猪

图1-5-4 狂犬病
患猪无目的地啃咬木棒

图1-5-5 李氏杆菌病
患猪头颈歪斜

图1-5-6 李氏杆菌病
患猪受惊奔跑易摔倒

图1-5-7　李氏杆菌病

患猪盲目行走，作转圈运动

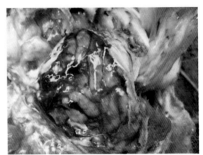

图1-5-8　李氏杆菌病

患猪脑和脑膜充血，出血

（四）误诊分析与讨论

从以上情况可以看出，实际上狂犬病误诊为李氏杆菌病一般是不容易发生的。虽然均有步态僵硬、盲目行走、以及兴奋等神经症状，但是狂犬病患猪横冲直撞，应激性增强，性欲亢奋，特别是攻击人畜是其他病所不具备的。但应当指出的是，就目前规模化养猪而言，患狂犬病的概率是微乎其微的，因此猪场真的发生狂犬病，有时可能还真不敢相信。

狂犬病可以感染所有温血动物，包括人。可粗分为城市型狂犬病和野生动物型狂犬病。前者以狗为主，猪只是其中的一种易感动物。20世纪80年代有文献报道，所有狂犬病病例中，猪狂犬病只占3%。随着放牧饲养与散养户逐渐被集约化（工厂化）养猪取代，以及人们对狂犬病的严密控制，猪狂犬病率几乎很难见到。该病主要通过患病动物直接啃咬传播。被狂暴期病犬、病畜啃咬过的玻璃片、木片、金属片等刺伤也可能感染发病。创伤的皮肤黏膜接触患病动物的唾液、血液、尿，乳汁也可感染。该病遍及世界许多国家，一般呈现零星散发，死亡率极高。

在狂犬病疫区，应加强狗、猫的管理，用疫苗控制狗、猫的狂犬病。加强猪群的管理，尤其是自由放养家猪的地区，防止狂犬病动物咬伤猪。发病后扑杀销毁。同时注意加强自我保护。

（五）实验室鉴别诊断

对于狂犬病，可设计特异性引物，采用RT-PCR技术检测疑似病猪血液或脑组织病料中的病毒抗原。对于李氏杆菌，可取心脏、肝脏等组织病料，接种于培养基，然后染色镜检或采用生化试管鉴定病原。

第二章

细菌性疾病的误诊

一、仔猪副伤寒误诊为猪蓝耳病

（一）误诊原因及案例

仔猪副伤寒误诊为猪蓝耳病的概率较高：①都有精神不振、高热表现；②皮肤均发绀；③淋巴结肿大；④作为老病和二类传染病，仔猪副伤寒目前不被重视，不像蓝耳病、圆环病毒病、链球菌病等铺天盖地见于报纸、杂志；⑤跟风炒作，自2006年暴发蓝耳病以来，只要皮肤出现发绀就怀疑蓝耳病的现象普遍存在。

案例：2006年11月某猪场的一圈2月龄仔猪，阉割1周后，陆续出现发热、腹泻、耳紫。当时因"高热病"炒得风风火火，当地兽医先是诊断为猪蓝耳病，用大量抗病毒药物。经过10天左右的治疗，16头仔猪有12头陆续发病，发病率75%。陆续死亡7头，死亡率58%。因知道今年"高热病"治疗较困难，畜主决定放弃治疗。在到本站饲料部购料时，本站兽医得知病情后，想探个究竟，组织兽医前去了解情况。后经流行病学调查、临床症状、病理变化，诊断为仔猪副伤寒，经及时治疗，挽回部分损失。

流行病学调查：因当时本地饲喂的猪，大部分是以土杂猪为主，一般满月前后，不分公母全部阉割。这次2月龄后才开始阉割，是因为当时有"高热病"流行才推迟的。阉割1周后，开始陆续发病。因副伤寒为条件性致病，理论上讲，多发生在2～4月龄仔猪群，呈地方性流行或散发。在寒冷、气候多变和阴雨连绵的季节，猪舍地面潮湿、饲养密度大、长途运输、阉割等因素下均可诱发本病，也可与其他疾病混合感染。这次发病的诱因之一是阉割。

临床症状：体温升高40.5～41.5℃，食欲减退、寒战，扎堆。眼有黏性分泌物。主要表现下痢，粪便呈淡黄色或灰绿色，恶臭，但急性病例未见腹泻亦有死亡现象。病程较长的猪只消瘦、常呈现收腹、弓背、低头呆立，强迫行走则步态摇晃。耳及四肢末端皮肤发绀，由以双耳最为严重，其他部位未见发绀现象，手感耳、四肢末端发凉。病后期体温开始下降，一般经2～5天死亡。

病理变化：剖检两头病死猪，气管无肉眼可见的变化；切开气管，里面积有大量泡沫，但无血丝；肺的变化基本一致，肺充血肿胀，表面可见黄白色干酪样病灶，肺心叶、尖叶出血较重；脾脏变化基本一致，紫黑色肿大，横切面髓质暗红色，可以看到肿大的淋巴滤泡；结肠、直肠变化基本一致，肠壁增厚，黏膜上覆盖一层黄色麸皮样坏死性物质，剥开见底部有出血现象；肠系膜淋巴结青灰似臭豆腐色，青灰色坏死切面中有的也点缀着尚未完全坏死的红色肉变；肝肿大有灰黄色坏死灶；胃黏膜出血和卡他；其中一头猪的整个肾脏呈红褐色，而另一头猪的一对肾约五分之四呈青紫色。

根据流行病学调查、临床症状和剖检变化，初步诊断为仔猪副伤寒。立即在饲料中拌入氟苯尼考全群饲喂，对发病猪用氟苯尼考注射液肌内注射，病情很快得到控制。

（二）误诊鉴别表

病名	流行情况	临床症状	剖检变化	药物治疗
仔猪副伤寒	全年均可发生，运输、多雨、潮湿季节多发；鼠类可传播；污染的饲料也是传媒	急性：耳根、胸前和腹下皮肤瘀血呈紫斑，喜钻垫草；慢性：皮肤湿疹，顽固下痢，粪便灰白或灰绿，恶臭，呈水样，消瘦，皮肤有紫斑	急性：全身黏膜、浆膜均有不同程度出血斑点，脾肿，暗蓝色、切面蓝红色；慢性：大肠发生弥漫性纤维素性坏死性肠炎为特征，淋巴节干酪样坏死，肝有灰白色坏死小灶	氟苯尼考、磺胺类药物均有效

(续)

病名	流行情况	临床症状	剖检变化	药物治疗
蓝耳病	传播迅速，感染途径为呼吸道，患病公猪可通过精液传播，哺乳仔猪和妊娠猪最易感染，危害性最大	母猪厌食，部分流喷嚏、咳嗽；孕猪妊娠100～112天发生大批(20%～50%)流产、死胎，母猪分娩不顺，泌乳少；2%左右病猪的耳尖、耳边呈蓝紫色，四肢末端和腹侧皮肤有红斑，阴门肿胀	肺红褐花斑状，不塌陷；淋巴结中度到重度肿大，呈褐色；肾脏肿大、淤血有出血点；脾脏肿大	无特效治疗药物

（三）误诊实图解析

误诊实图详见图2-1-1至图2-1-8。

图2-1-1　仔猪副伤寒
口、鼻、耳发绀

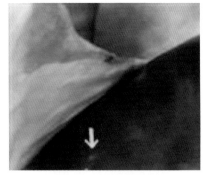

图2-1-2　仔猪副伤寒
肝脏古铜色，有坏死灶

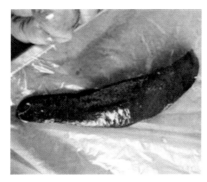

图2-1-3　仔猪副伤寒
脾肿、暗蓝色

图2-1-4　仔猪副伤寒
回盲口处坏死灶

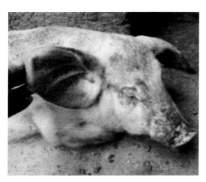

图2-1-5　蓝耳病
耳蓝紫色

图2-1-6　蓝耳病
传播快

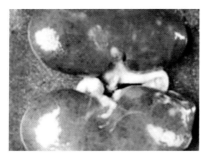

图2-1-7　蓝耳病
肾淤血，有出血点

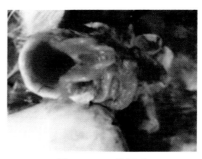

图2-1-8　蓝耳病
喉头充血

（四）误诊分析与讨论

猪蓝耳病和仔猪副伤寒临床上都有不同程度的败血症，但是：①猪蓝耳病临床上发病迅速，哺乳仔猪和母猪发病严重，皮肤发绀，剖检肾淤血，有出血点；②仔猪副伤寒临床上多发于2～4月龄仔猪，灰绿色下痢特别顽固；③仔猪副伤寒剖检肝脏古铜色并有坏死灶，大肠弥漫性糠麸状坏死。

综上所述，虽然二病有相似之处，但也有不同。抓住不同点，诊断时各不同点联系起来进行综合分析，就能进行鉴别，减少误诊。另外，国外有一诊断蓝耳病参考资料，大家也可借鉴：①20%以上胎儿死产；②8%以上母猪流产；③断奶前仔猪有26%以上仔猪死亡。仔猪副伤寒一般根据流行病学调查、临床症状和剖检变化，较易诊断。但因"高热病"的流行，这一古老的疾病被掩盖。近几年"高热病"的普遍流行，对人们特别是基层兽医和养殖户好像洗了一次脑，古老的、旧病被清洗掉，从新装上蓝耳病、圆环病毒、附红细胞体等所谓的"高热病"。使人们只对"高热病"重视，猪发病后打点万能针如治不好，就一味算在"高热病"身上，而忽视其他传染病。在诊疗中发现，只要猪耳发绀，很多人都不加思考地说："吆！蓝耳病。"在兽医诊疗中，对于个别养殖户，如发现他饲养的猪只耳朵发绀，你说蓝耳病，他们能接受，说别的病，好像不能接受。在当今农村在无实验室诊断的情况下，这种错误观点如不扭转，对农村养殖业的健康发展是相当不利的。

（五）实验室鉴别诊断

对于仔猪副伤寒，可采集发病猪的血液或心、肝、肺等实质器官，进行涂片染色镜检：沙门氏菌呈革兰氏阴性，镜下观察为红色杆状细菌。也可将病料接种于培养基，观察菌落形态并结合生化试验进行综合判定。

对于猪蓝耳病，可采集血液或淋巴结、脾脏、扁桃体等病料，进行RT-PCR检测，扩增出特异性猪蓝耳病病毒（PRRSV）核酸条带者判为阳性（图2-1-9）。

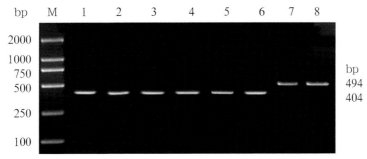

图2-1-9　采用RT-PCR扩增出的PRRSV特异性核酸条带（494bp条带为经典型PRRSV，404bp条带为变异型PRRSV）

二、仔猪副伤寒误诊为猪瘟

（一）误诊原因及案例

仔猪副伤寒与猪瘟临床上有诸多相似之处：①体温升高，眼角有分泌物；②皮肤发绀呈败血症反应；③顽固性腹泻。

案例：2008年11月，某养殖户饲养猪发生一种以发热、皮肤发绀、粪便干燥或腹泻为特征的疾病。当地兽医和养殖户又根据发热、耳、臀以及腹下皮肤发绀等症状诊断为猪瘟，用大剂量猪瘟活疫苗进行紧急接种，同时为防止激发感染，用青霉素、氨基比林和地塞米松混合注射几天但基本无效，要求笔者出诊。

流行病学调查：该养殖户所养猪只约80头，其中2～4月龄仔猪40头，母猪5头，生长肥育猪35头。发病猪主要集中在40头2～4月龄仔猪，40头猪分别养在6间猪栏内。11月中旬气温昼夜温差较大，个别猪只开始发病，约1周波及全群。但个别猪只开始发病时，并非集中在一个圈舍然后向其他圈舍蔓延，而是几乎同时零星发病，然后越来越多。此次猪发病的特点是发病率高，40

头仔猪有25头发病，而母猪和育肥猪安然无恙。

临床症状：大部分病猪食欲废绝，发热，体温在40.5～41.5℃，嗜睡、扎堆、肌肉震颤、被毛粗糙无光泽。发病前期，大部分仔猪粪便干燥，3天左右病猪开始腹泻，排黄色、灰色或黄绿色恶臭粪便，耳、臀部、腹部和四肢末端发绀，有的猪有黄疸，浅湿性咳嗽，呼吸加快。慢性病例，骨瘦如柴，行走摇晃，后躯有粪便沾污，最后衰竭而死，个别出现神经症状的猪只或突然死亡。

病理变化：急性死亡的病例，剖检见多处脏器和淋巴结出血。肺弥漫性充血和出血，小叶间水肿；胃、肺门、肝门、肠系膜等处淋巴结肿大或出血；肝脏肿大，淤血，有零星坏死灶；脾脏肿大，边缘有黑红色出血灶；胃黏膜出血和隆起的梗死灶；心肌有出血斑点；肾皮质有出血点（酷似猪瘟的出血点）；小肠黏膜有出血点。胃肠等浆膜未见出血。病程长时：肝脏淤血肿大，表面有灰白色副伤寒结节；肠系膜淋巴结肿大，切面灰白色；胆囊坏死，囊壁增厚，黏膜坏死和溃疡；大小肠黏膜纤维素坏死形成黄色糠麸状假膜；结肠和盲肠内容物被少量胆汁染色，有黑绿色皮屑和沙砾状坚硬内容物。

根据以上特点初步诊断为仔猪副伤寒，用氟苯尼考治疗很快控制了疫情。

（二）误诊鉴别表

病名	流行情况	临床症状	剖检变化	药物治疗
仔猪副伤寒	全年均可发生，但运输、多雨、潮湿多发，2～4月龄多发，死亡率低	急性：高热，耳根、胸前和腹下皮肤瘀血呈紫斑。喜钻垫草；慢性：皮肤湿疹，顽固下痢，粪便灰白或灰绿，恶臭，呈水样，消瘦，皮肤有紫斑	急性：全身黏膜、浆膜均有不同程度出血斑点，脾肿、暗蓝色；慢性：大肠弥漫性纤维素性坏死特征，淋巴节干酪样坏死，肝有灰白色坏死小灶	氟苯尼考、磺胺类药物均有效

（续）

病名	流行情况	临床症状	剖检变化	药物治疗
猪瘟	不分品种、年龄猪均可感染；流行初期只有1～2头猪发病，经1～2周后大批发病，死亡率极高；近年本病向非典型化发展	精神不振，便初干，后腹泻；有些有神经症状，运动失调，痉挛，后肢麻痹；腹下、耳和四肢内侧皮肤出血	皮肤、黏浆膜、淋巴结周边、会厌软骨、肾等均见出血，脾梗死，回肠口扣状溃疡大肠黏膜有出血和坏死	无特效治疗药物

（三）误诊实图解析

误诊实图详见图2-2-1至图2-2-8。

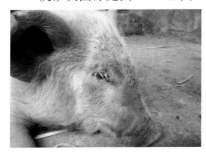

图2-2-1 仔猪副伤寒
急性：皮肤瘀血呈紫斑

图2-2-2 仔猪副伤寒
慢性：顽固性腹泻

图2-2-3 仔猪副伤寒
脾肿大、暗蓝色

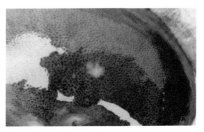

图2-2-4 仔猪副伤寒
肝脏坏死灶

图2-2-5　猪瘟
皮肤出血斑点

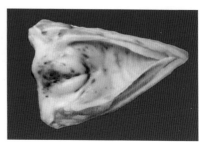

图2-2-6　猪瘟
喉头、会厌软骨出血

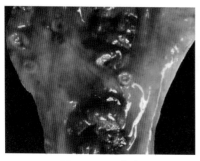

图2-2-7　猪瘟
大肠扣状溃疡

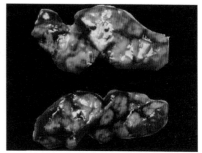

图2-2-8　猪瘟
淋巴结周边出血，大理石状

（四）误诊分析与讨论

因诸多相似之处，两病有时确实容易误诊，但是鉴别方法也不少：①虽然两病都有皮肤发绀现象，但猪瘟出血斑点明显；②虽然都有腹泻症状，但仔猪副伤寒患猪皮肤湿疹，顽固下痢；③剖检猪瘟患猪内脏器官和淋巴结一般不肿大并广泛出现，仔猪副伤寒患猪内脏器官和淋巴结肿大，并有灰白色坏死灶；④发病年龄，猪瘟不同年龄，仔猪副伤寒2～4月龄多发；⑤氟苯尼考治疗仔猪副伤寒有效，而对猪瘟无效。每种相似疾病，有相似处，也有不同处，只要我们全面搜集资料，辩证分析，兢兢业业，细心查看，不放过每一个疑点，那么我们就能把误诊降到最低点，从而把猪场或养殖户的损失也降到最低点。

仔猪副伤寒（又称猪沙门氏菌病）是由沙门氏菌属细菌引起仔

猪的一种传染病。急性以败血症，慢性者以坏死性肠炎，有时以卡他性或干酪性肺炎为特征。本病主要侵害6月龄以下仔猪，尤以2～4月龄仔猪多发，6月龄以上仔猪很少发病。病猪和带菌猪是主要传染源，可从粪、尿、乳汁以及流产的胎儿、胎衣和羊水排菌。本病主要经消化道感染，交配或人工授精也可感染，在子宫内也可能感染。另据报道，健康畜带菌(特别是鼠伤寒沙门氏菌)相当普遍，当受外界不良因素影响以及动物抵抗力下降时，常导致内源性感染。

（五）实验室鉴别诊断

对于仔猪副伤寒的实验室鉴别诊断在"仔猪副伤寒误诊为猪蓝耳病"中已有说明，此处不再赘述。

三、对急性副伤寒误诊为败血型链球菌病

（一）误诊原因及案例

败血型急性副伤寒病误诊为败血型链球菌病也比较常见，外表体征相似处甚多：①体温：败血型链球菌病患猪体温高达41～43℃，败血型急性副伤寒患猪体温高达41～42℃；②精神状态：两病均表现精神不振，食欲废绝；③皮肤变化：败血型链球菌病患猪体表有紫红色斑块，在耳、颈腹下皮肤瘀血呈紫斑；败血型急性副伤寒患猪耳根、胸前和腹下皮肤瘀血呈紫斑；④剖检：脾均蓝紫色，肿大，呈败血脾，内脏器官都有出血，二者均有呼吸困难的症状。

案例：2012年11月，某养猪场饲养的3月龄仔猪，发生一种以体温升高41～42℃，呼吸快，耳根、胸前和腹下皮肤有紫斑的疾病。场兽医诊断为猪败血型链球菌病。曾用青霉素、林可霉素等药物治疗1周左右，无显著疗效，于是要求笔者出诊。

临床症状：病猪年龄主要集中在2～4月龄仔猪，因秋雨连绵，所以舍内湿度很大，而且饲养密度也较大。

临床症状：让饲养员测量2头不同圈舍的新发病尚未治疗过的仔猪，结果其中一头猪体温高达41.5℃，耳轻度淤血，另1头体温高达42.3℃。因发病时间不同，病猪临床表现有一定差异。有的精神不振，食欲废绝，呼吸困难，耳根、胸前和腹下皮肤瘀血呈紫斑。也有体温40～41℃，食欲不振，喜欢扎堆，皮肤痂状湿疹，顽固下痢，粪便灰白或灰绿，恶臭，呈水样，有的含有组织碎片，消瘦，后躯被粪便污染，走路摇晃。皮肤有紫斑。

病理变化：首先剖检一头急性死亡病例发现，皮肤紫斑，肝脏肿大，淤血，表面见灰黄色坏死灶；脾肿大蓝紫色，坚硬似橡皮，切面呈周边蓝色，中间红色；腹股沟淋巴结肿大出血、肠系膜淋巴结索状肿，全身其他淋巴结也不同程度肿大；大肠回盲口附近有少量溃疡灶。另一头腹泻虚脱死亡猪，皮肤松弛无弹性，波及盲肠、结肠甚至是回肠后段。肠壁增厚，变硬。肠黏膜上覆有一层灰黄色腐乳状物，强行剥离则露出红色、边缘不整的溃疡面。肠系膜淋巴索状肿大，有的干酪样坏死。脾稍肿大，肝可见灰黄色坏死灶。根据以上情况判断为仔猪副伤寒。

治疗可选用药物较多，如氟苯尼考、阿米卡星、恩诺沙星等抗生素。此次采用氟苯尼考粉剂拌料饲喂，连用5天，发病猪同时注射硫酸阿米卡星。经以上治疗和预防，发病严重猪已经无回天之术，仍然死亡，发病较轻病例基本治愈。

（二）误诊鉴别表

病名	流行情况	临床症状	剖检变化	药物治疗
仔猪副伤寒	全年均可发生，但运输、多雨、潮湿多发；场内的老鼠可传播，污染的鱼粉也是传染媒介	急性：皮肤瘀血呈紫斑，喜钻垫草；慢性：皮肤湿疹，顽固下痢，粪便灰白或灰绿，恶臭，含组织碎片，呈水样，消瘦，皮肤有紫斑	急性：黏膜、浆膜均有不同程度出血斑点，脾肿，暗蓝色、切面蓝红色；慢性：以大肠纤维素性坏死性肠炎为特征，淋巴结干酪样坏死，肝有灰白色坏死小灶	氟苯尼考，磺胺类药物均有效

（续）

病名	流行情况	临床症状	剖检变化	药物治疗
败血型链球菌病	有皮肤损伤、蹄底磨损、去势、咬尾、脐带感染等外伤病史的猪易发生该病	急性突然发病，体温为41～43℃，流鼻，结膜红流泪，耳、四肢下、背和腹皮肤充血、潮红，有的可出现呕吐、腹泻，突然死亡；还有脑膜、关节炎、淋巴结脓肿型	脑膜、淋巴结和肺脏充血；急性败血型常表现鼻、气管、肺充血呈肺炎变化；全身淋巴结肿大、出血；心内膜出血；肾肿大、出血；胃肠黏膜充血、出血	多种抗生素、磺胺类药物均有效

（三）误诊实图解析

误诊实图详见图2-3-1至图2-3-8。

图2-3-1　仔猪副伤寒
急性：皮肤出血，发绀

图2-3-2　仔猪副伤寒
慢性：便含组织碎片

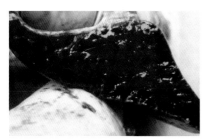

图2-3-3　仔猪副伤寒
脾表面暗蓝、切面蓝红

图2-3-4　仔猪副伤寒
胆囊出血坏死

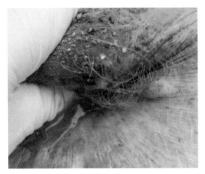

图2-3-5 败血型链球菌病
茶色尿

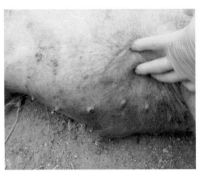

图2-3-6 败血型链球菌病
皮肤刮痧样出血

图2-3-7 败血型链球菌病
膀胱颈出血

图2-3-8 败血型链球菌病
脾脏肿大、出血

（四）误诊分析与讨论

以下对不同之处加以分析：①败血型仔猪副伤寒2～4月龄仔猪常发，与应激诱因有关；各种年龄的猪一年四季都可感染发病，主要与外伤感染（断尾、阉割、佩戴标识等）有关；②眼：败血型仔猪副伤寒患猪眼结膜发炎，有脓性分泌物，败血型链球菌病患猪眼结膜潮红，流泪，流浆液状鼻液；③血凝：败血型链球菌病患猪血液凝固不良；④败血型仔猪副伤寒患猪腹痛，后期主要有下痢，败血型链球菌病患猪有时有腹泻；⑤败血型仔猪副伤寒：

脾蓝紫色肿大，坚硬似橡皮，切面呈蓝红色；败血型链球菌病：脾呈暗红色或紫蓝色，软而脆；⑥肺纤维素：败血型仔猪副伤寒患猪肺一般无纤维素变化，败血型链球菌病患猪可见纤维素性肺炎和心包炎；⑦败血型仔猪副伤寒患猪肝坏死灶，败血型链球菌病患猪一般肝无坏死灶。

仔猪副伤寒由沙门氏杆菌引起，一年四季均可发生，但气候骤变以及多雨、潮湿季节多发。

（五）实验室鉴别诊断

采集发病猪的血液或心、肝、肺等实质器官，进行涂片染色镜检：沙门氏菌呈革兰氏阴性，镜下观察为红色杆状；猪链球菌2型为革兰氏阳性细菌，镜下观察为紫色链球状（图2-3-9）。也可将病料接种于培养基，观察菌落形态并结合生化试验进行综合判定。

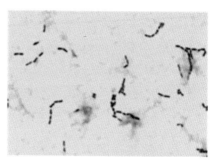

图2-3-9 猪链球菌2型形态

四、仔猪水肿病误诊为伪狂犬病

（一）误诊原因与案例

仔猪水肿病误诊为伪狂犬主要原因是：①眼睑都有不同程度水肿；②均具有神经症状、共济失调、抽搐和呼吸困难；③呕吐、腹泻。

案例： 2013年5月，一散养户饲养的断奶约15天的仔猪，出现共济失调、转圈、抽搐，最后死亡。该户立即询问相邻的养殖户，答案是伪狂犬病，立即给健康猪紧急接种伪狂犬活疫苗。对发病猪，因知道该病无特效治疗药物，用免疫球蛋白注射治疗未见效果。随后2～3天又有3头仔猪相继发病和1头仔猪死亡。为了进一步确诊，要求笔者前去就诊。抽查该养殖户饲养的仔猪有12头，已经死亡2头。为了解病因，随对剩余10头猪的4头进行温度测量，结果发现体温均为38.4～39.2℃。体温正常，而且膘情良好。询问死亡猪只生前情况，据养殖户反应先前死亡的1头与今天死亡猪一样，都是膘情良好，突然发病。其中有一头猪死亡特快。据该养殖户妻子描述，死亡的这头猪吃饱、喝足然后就死去了。

病理变化： 对最后1头死亡猪进行剖检，发现胃壁和肠系膜呈胶冻样水肿，喉头、膀胱均水肿，肠胀气，肾布满针尖状出血点。据此，初步诊断为仔猪水肿病。

预防： 立即更换饲料和饲养方法，控制饲料中蛋白质的含量，换料要循序渐进；适当增加饲料中粗饲料的含量，饲料中添加硒和维生素E。

治疗： 对10头仔猪无论是否发病，均用庆大霉素、地塞米松混合后肌内注射。同时用1%溶液5～10毫升稀释于25%葡萄糖溶液250毫升中，静脉注射。

用以上方法防治后，不但猪群没有新发病，且发病猪只无一例死亡。

（二）误诊鉴别表

病名	流行情况	临床症状	剖检变化	药物治疗
仔猪水肿病	感染断奶后1～2周的仔猪，发病率<15%，死亡率50%～90%；诱因：应激、蛋白高、硒和维E缺乏	体健壮、生长快，以眼睑、头颈部位水肿为特征；出现神经症状：共济失调，转圈、抽搐，四肢麻痹，最后死亡，体温正常	胃壁和肠系膜呈胶冻样水肿是本病的特征；大肠系膜水肿，胆囊和喉头也常有水肿，胃、肠黏膜呈弥漫性出血，肾淤血，紫红	多种抗生素，磺胺类药物均有效。

（续）

病名	流行情况	临床症状	剖检变化	药物治疗
伪狂犬病	四季可发，鼠类是病毒的主要带毒者为传染媒介，猪感染为采食鼠污染料所致	2周内仔猪感染：41 ℃以上，呼吸困难、呕吐、腹泻、犬坐、癫痫、麻痹、流涎、倒地侧卧、头向后仰、四肢乱动，迅速死亡；断奶猪病较轻	脑膜充血、水肿，脑实质、肾有出血点；肺充血、水肿，上呼吸道常见卡他性、卡他化脓性和出血性炎症，内有大量泡沫样液体	氟苯尼考，磺胺类药物均有效

（三）误诊实图解析

误诊实图详见图2-4-1至图2-4-8。

图2-4-1　仔猪水肿病
眼睑水肿严重

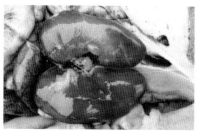

图2-4-2　仔猪水肿病
肾淤血，红黑色

图2-4-3　仔猪水肿病
大肠系膜水肿

图2-4-4　仔猪水肿病
膀胱水肿

图2-4-5 伪狂犬病
眼睑肿胀较轻

图2-4-6 伪狂犬病
流涎

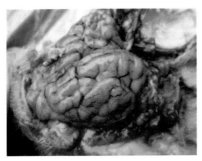

图2-4-7 伪狂犬病
脑膜充血，脑实质出血

图2-4-8 伪狂犬病
肾脏有出血点

（四）误诊分析与讨论

虽然有许多相似之处，但鉴别方法很多：①发病年龄：仔猪水肿病断奶后发生，伪狂犬病虽然各年龄段都可感染，但哺乳仔猪临床症状最为明显；②伪狂犬病造成孕猪流产、死胎等，而猪水肿病未见母猪发病；③体温：患水肿病的仔猪体温正常或小幅度变化，而伪狂犬病患猪体温可升至41℃以上；④剖检：水肿病以胃肠壁、膀胱和肠系膜呈胶冻样水肿是本病的特征，伪狂犬病则以脑膜充血、水肿，脑实质、肾小点状出血；肾上腺、淋巴结、扁桃体、肝、脾、肾和心上有灰白色小坏死灶为特征。

水肿病是由小猪小肠内大肠杆菌所产生的毒素引起的一种大

肠杆菌肠毒血症，其特征为断奶后的健壮仔猪突然死亡，瘦弱仔猪一般不发病。临床表现为突然发病，运动共济失调，眼睑和头颈部水肿，局部或全身麻痹，胃壁、肠黏膜以及部位发生水肿，发病率10%～35%，常发生于断奶仔猪尤其是体况健壮的仔猪，是一种急性高度致死性神经疾病。本病一年四季均可发生，但多见于春秋季。初生得过黄痢的仔猪，一般不发生本病。

（五）实验室鉴别诊断

仔猪水肿病的病原是溶血型大肠杆菌，呈革兰氏阴性，多数能溶解绵羊红细胞，常见的血清型有O_2、O_8、O_{138}、O_{139}、O_{141}等。

伪狂犬病的病原为伪狂犬病毒，属于疱疹病毒科。采取脑组织、扁桃体，用PBS制成10%悬液或鼻咽洗液接种猪、牛肾细胞或鸡胚成纤维细胞，于18～96小时出现病变，有病变的细胞用H.E染色镜检可看到嗜酸性核内包含体。也可设计特异性引物，采用PCR技术扩增病毒特异性DNA条带。

五、仔猪水肿病误诊为链球菌病

（一）误诊原因及案例

两病均为细菌性疾病，出现误诊的原因：①两病急性病例均死亡较快；②两病均出现神经症状；③无论是仔猪水肿病脑水肿时压迫神经或链球菌性脑膜炎、关节炎所致，两病均可出现走姿异常；④仔猪水肿病死亡病猪低下位出现的紫红尸斑与链球菌皮肤发绀也是误诊的原因；⑤两病剖检时腹腔均可见蜘蛛丝状纤维渗出物。

案例：2013年5月，某猪场出现一种以共济失调、转圈、抽搐，四肢麻痹，最后死亡为特征的疾病，经猪场兽医诊断为链球菌病。曾用头孢类、磺胺类药物治疗病猪，均无理想治疗效果，随后要求笔者出诊。

临床症状：发病猪主要集中在断奶后10至30天左右的保育猪，发病率约15%，而死亡率在70%。另外，还有一个显著特点，就是发病猪多是体况健壮、生长快的仔猪。据场兽医介绍有的病例一旦发现临床症状短时间内死亡，根本来不及治疗。有的开始时出现腹泻或便秘，1或2天后死亡。患猪体温多数正常，头颈部、眼睑、结膜等部位出现水肿，较慢性病例食欲减退或不食。

病理变化： 心包腔、胸腔和腹腔有大量积液，胃壁水肿，大弯部和贲部严重，胃黏膜层和肌层之间有一层胶冻样水肿，胃、肠黏膜呈弥漫性出血，肾淤血、暗红色，肠系膜淋巴结有水肿和充血、出血，腹腔脏器之间细看可见几缕蜘蛛丝状渗出物。综上所述，初步诊断为仔猪水肿病。

预防： 建议猪场在断奶仔猪管理中必须减少应激刺激，断奶后避免马上喂仔猪过多固体食物。适当限制饲喂量，然后逐渐增至正常量。增加饲料中粗纤维含量，保持饲料中有足够的硒和维生素E。必要时可选用大肠杆菌苗免疫接种。

治疗： 建议猪场按每千克体重。肌内注射0.1%亚硒酸钠维生素E注射液1毫升，还可用氟苯尼考、阿莫西林、庆大霉素+地塞米松肌内注射，同时可选用利尿药物，如速尿注射液等。

采取以上防治措施可有效预防疾病发生，但急性病例往往来不及治疗。

（二）误诊鉴别表

病名	流行情况	临床症状	剖检变化	药物治疗
仔猪水肿病	主要是断奶仔猪，发病率<15%，死亡率50%~90%，应激因素：断奶，饲喂（营养过高），气候突变，硒和维生素E缺乏	多发生于体况健壮、生长快的仔猪，脸部、眼睑、结膜等部位出现水肿是本病的特征。出现神经症状：共济失调，转圈，抽搐，四肢麻痹，最后死亡	胃壁和肠系膜呈胶冻样水肿是本病的特征。心包腔、胸腔和腹腔有大量积液，胃壁水肿、粘膜层和肌层之间有一层胶冻样水肿，严重的厚达2~3cm，肠系膜淋巴结有水肿和充血、出血	抗生素药物有效

（续）

病名	流行情况	临床症状	剖检变化	药物治疗
链球菌病	流行特点：一年四季均可发生，但5～11月份发生较多，传播速度很快，短期波及全群；发病率和死亡率很高，常为地方性流行	体温41～43℃，结膜潮红，流泪和鼻液，体表、耳、颈、腹下紫斑，濒死期天然孔可见血液；关节肿大。共济失调、后肢乱划或昏迷等。淋巴结脓肿	败血症：全身各器官充血、出血，并有化脓性症状，脾、肾肿大，暗红色。脑膜充血或出血；化脓性脑膜炎，多发性关节炎，脑灰质、白质有出血点，有的病例可出现疣状心内膜炎	抗生素药物有效

（三）误诊实图解析

误诊实图详见图2-5-1至图2-5-8。

图2-5-1　仔猪水肿病
眼睑肿、呼吸困难和行走蹒跚

图2-5-2　仔猪水肿病
死后血液沿血管网坠积，皮肤暗紫；
尸体高位血管空虚，皮肤苍白

图2-5-3　仔猪水肿病
膀胱黏膜水肿

图2-5-4　仔猪水肿病
肠浆膜与黏膜层间有一层胶冻样水肿

图2-5-5　链球菌病
神经症状

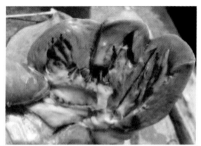

图2-5-6　链球菌病
心内膜炎出血

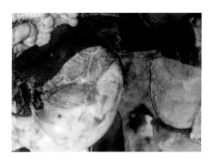

图2-5-7　链球菌病
脾脏肿大，紫红

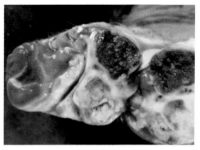

图2-5-8　链球菌病
多发性化脓性关节炎

（四）误诊分析与讨论

链球菌病与仔猪水肿病在临床上的区别是：①链球菌病患猪高

热，水肿病患猪多体温正常；②链球菌病患猪死前体表、耳、颈、腹下紫斑，水肿病患猪死后尸体下身出现紫红尸斑；③水肿病患猪关节一般不见肿大或脓肿；④剖检：链球菌病患猪以内脏器官广泛出血为特征，水肿病患猪以水肿和内脏器官淤血为特征；⑤链球菌病患猪内脏器官和关节多见脓肿，而水肿病患猪无此病变。

仔猪水肿病是断奶仔猪小肠内大肠杆菌所产生的毒素引起的一种大肠杆菌肠毒血症。其特征为断奶后的健壮仔猪突然死亡，表现为突然发病，运动共济失调，局部或全身麻痹，胃壁和其他某些部位发生水肿，发病率10%～45%，是一种急性高度致死性疾病。本病例误诊主要是猪场兽医只是看到神经症状、皮肤发紫现象。殊不知水肿病的发紫是死后尸斑，并非出血斑。尸斑是由于动物死后血液循环停止，心血管内的血液缺乏动力而沿着血管网坠积，尸体高位血管空虚、尸体低下位血管充血的结果，尸体低下部位的毛细血管及小静脉内充满血液，透过皮肤呈现出来的暗红色到暗紫红色斑痕。这些斑痕开始是云雾状、条块状，最后逐渐形成片状，即为尸斑。诊断时一定要与生前出血斑区别。

（五）实验室鉴别诊断

对于水肿病，可从肠和结肠分离大肠杆菌作纯培养，分离毒素。对于链球菌病，根据发病情况，采取适当样品，进行链球菌的分离与鉴定，正常定植的非致病性链球菌常干扰病原链球菌的分离、鉴定，故应区分致病和非致病菌株。另外，在没有大体病变时，可通过组织病理学检查显微病变，如可通过组织切片区分大肠杆菌所引起的大脑水肿和猪链球菌所引起的化脓性脑膜炎。

六、猪接触性传染性胸膜肺炎误诊为猪肺疫

（一）误诊原因与案例

猪接触性传染性胸膜肺炎误诊为猪肺疫比较常见，好在有些药物对二者皆有作用。误诊时并不意味着误治。相同之处较多：

①体温均升高在40.5～42℃；②呼吸困难、犬坐姿势；③皮肤发绀；④剖检肺纤维素炎症。

案例： 2012年2月，一养殖场保育猪发生一种以呼吸困难、咳嗽、皮肤发绀为主要症状的疾病。养殖场怀疑是猪肺疫用青霉素治疗效果不佳，又改用头孢菌素治疗也未见明显疗效，于是要求笔者出诊。该厂有4栋猪舍，每栋有10间（中间是过道，两面是猪栏），也就是每栋有20个猪栏。发病猪是2栋保育舍仔猪，体重均在20～30千克。因天气较冷，猪舍密闭，通风较差，能明显感觉到氨气味。据该场饲养员反应，仔猪好好地就突然发病，死亡特别快，这几天死亡没那么快了。

临床症状： 患猪皮肤发红，精神沉郁，不愿站立，多数呼吸困难，个别张口，犬坐呼吸；有的无明显呼吸困难，但精神沉郁，其中的5栏猪中都有几头发病。尚未治疗的病猪体温均在40.5～41.5℃。

病理变化： 对2头刚死亡仔猪进行剖检发现，主要病变是胸膜和肺表面有纤维素性假膜附着，胸腔积液、肺充血、出血肺前下及后上部紫红色肝变，其中的1头死亡仔猪的肺与胸膜黏连，肺炎区坏死、硬化。据此，初步诊断为传染性胸膜肺炎。

（二）误诊鉴别表

病名	流行情况	临床症状	剖检变化	药物治疗
猪接触性传染性胸膜肺炎	与气候剧变，拥挤、通风不良、潮湿等密切关系；不分年龄，20～60千克猪多发；常急性发病和死亡	急性患猪40～41℃，突然死亡，高度呼吸困难，皮肤发绀，张口伸舌，鼻流泡沫，呈犬坐式；慢性患猪间隙性痛苦咳嗽，有跛行和神经症状	肺前下及后上部紫红色肝变，附着纤维素，严重时粘连，脾肿大；慢性者肺炎区坏死、硬化，关节炎或脑膜炎；慢性隔叶上有大小不一的脓肿样结节	阿奇霉素、替米考星、氨苄青霉素、氧氟沙星高敏

（续）

病名	流行情况	临床症状	剖检变化	药物治疗
猪肺疫	大小猪只均可发病，仔猪与生长育肥猪多发，发病率和致死率都比较高，慢性散发，健康猪带菌普遍，环境与管理不良因素可以诱发	急性型：咽喉部发热、红肿、坚硬、呼吸极度困难，犬坐，鼻有时见带血样泡沫。可视黏膜和皮肤发绀，体温40～42℃，病程1～2天，死亡率100%；慢性型：呈肺炎和慢性胃炎症状，持续咳嗽呼吸困难；皮肤有红斑和红点，流黏性鼻液，食欲废绝，消瘦，贫血	最急性型：全身组织出血点，咽喉部有大量胶胨样淡黄色水肿液；急性型：有肺肝变、水肿、气肿和出血等病变特征；慢性：肺有较大坏死灶，有结缔组织包囊，内含干酪样物质，有的形成空洞	青霉素、头孢类药物均有效

（三）误诊实图解析

误诊实图详见图2-6-1至图2-6-8。

图2-6-1 猪接触性传染性胸膜肺炎
呼吸困难、犬坐

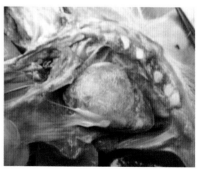

图2-6-2 猪接触性传染性胸膜肺炎
心包炎

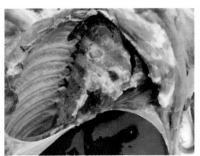

图2-6-3　猪接触性传染性胸膜肺炎
纤维素性肺炎

图2-6-4　猪接触性传染性胸膜肺炎
慢性肺脓肿结节

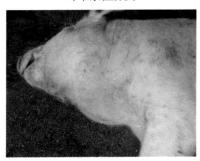

图2-6-5　猪肺疫
咽喉肿胀

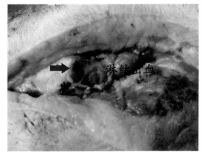

图2-6-6　猪肺疫
颈部周围组织浆液浸润

图2-6-7　猪肺疫
肺门淋巴结水肿，出血

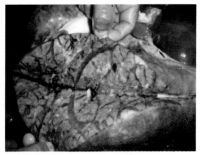

图2-6-8　猪肺疫
肺急性水肿

（四）误诊分析与讨论

虽然，猪传染性胸膜肺炎与猪肺疫有诸多相似之处，但只要我们细心观察，异点还是显而易见的：①接触性传染性胸膜肺炎病猪耳、鼻及体内侧皮肤发绀，死前口鼻流出血色分泌物；而猪肺疫病猪的耳根、颈腹部等部位的皮肤有红斑，手压退色，咽喉部肿大坚硬而有热痛，口鼻流白泡沫，有时混有血液。②猪肺疫慢性病例病初便秘，表面附有黏液，有时带有血液，后转为腹泻，有的病猪关节肿大，跛行，而接触性传染性胸膜肺炎不具备这些症状。③剖检：猪肺疫患猪肺脏呈暗红、灰色、灰黄等不同色彩的肝变，切面呈大理石样，接触性传染性胸膜肺炎患猪肺水肿、充血、气管和支气管内充满血性泡沫样分泌物。④对于接触性传染性胸膜肺炎各种年龄的猪均易感，但由于初乳中母源抗体的存在，本病最常发生于育成猪。

猪接触性传染性胸膜肺炎是由胸膜炎放线杆菌引起的一种呼吸道传染病，表现为肺和胸膜炎症状和病变，多呈最急性和急性经过突然死亡，也有慢性。急性期死亡率很高，与毒力及环境因素有关，其发病率和死亡率还与其他诱因，如蓝耳病、圆环病毒病、伪狂犬病、副猪嗜血杆菌病以及猪弓形虫病等有关。另外，密度大、频繁转群的规模猪场要比单独饲养的小群猪更易发病。本病主要传播途径是空气、猪与猪之间的接触、污染排泄物或人员。猪群的转移或混养，拥挤和恶劣的气候条件（如气温突然改变、潮湿以及通风不畅）均会加速该病的传播和增加发病的危险。病猪不爱活动，驱赶猪群时常常掉队，仅在喂食时勉强爬起。慢性期的猪群症状表现不明显，若无其他疾病并发，可能自行恢复。同一猪群内可能出现不同程度的病猪。目前，本病流行日趋严重，已成为世界性工厂化养猪的五大疫病之一。

（五）实验室鉴别诊断

猪接触性传染性胸膜肺炎的病原是胸膜肺炎放线杆菌，为革兰氏染色阴性的小球杆状菌或纤细的小杆菌，有的呈丝状，并可表现为多形态性。

猪肺疫的病原是多杀性巴氏杆菌，为革兰氏染色阴性的两端钝圆、中央微凸的短杆菌，瑞氏或美蓝染色菌体呈两极浓染的卵圆形。可采集发病猪的血液或心、肝、肺等实质器官，进行涂片染色镜检。也可将病料接种于培养基，观察菌落形态并结合生化试验进行综合判定。

七、猪气喘病误诊为猪肺疫

（一）误诊原因及案例

二者误诊原因是：①均以呼吸道症状为典型症状；②两病均可能出现犬坐姿势。

案例：2012年12月，某养猪户饲养的架子猪，发生一种以呼吸道为主要症状疾病。该户曾用青霉素肌内注射无效，后又用头孢菌素配合喘定注射液等药物治疗，症状稍有缓解，但也未见明显疗效。养殖户说今天有1头死亡，随后要求本站出诊。

临床症状：该养殖户是采用大棚养猪。气温暖和时，周围打开，气温低时用塑料薄膜遮挡门窗御寒。进入猪舍四周因用塑料薄膜封住，舍内氨气较浓，多数猪咳嗽，喘气。另外因疾病造成生长阻滞或延缓，猪只大小参差不齐，猪群整齐度很差。据养殖户反映，虽然发病已经半月有余，但没有死亡，只是今天有1头死亡。

病理变化：病变为肺的病灶，与正常肺组织之间界限清楚，两侧对称而病变区主要发生在尖叶、心叶、中间叶及隔叶前下部。有异样病变。根据以上情况初步诊断为猪气喘病。

治疗：气喘病是由支原体引起的肺部感染，因支原体没有细胞壁，所以如青霉素、头孢菌素这些以破坏细菌细胞壁达到杀菌作用的药物对气喘病基本无治疗作用。据此，我们采用对发病猪肌内注射恩诺沙星，全群猪同时于饲料中混入多西环素连用7天，停7天再用7天的方法，病情很快得到了控制。

（二）误诊鉴别表

病名	流行情况	临床症状	剖检变化	药物治疗
气喘病	不同年龄猪均易感，断奶后仔猪易发，全年可发，发病率高，致死率低，慢性经过	以间隙性咳嗽（干咳）和喘气为主要特征，呼吸增快及腹式呼吸，体温、精神、食欲、体姿正常，猪群整齐度差	以两侧肺心、间、膈叶对称性实变，肺门淋巴结肿大增生为特征	恩诺沙星、泰乐菌素、林可霉素等药物均有效
猪肺疫	发病率和致死率都比较高，慢性猪肺疫为散发，常发生于中小猪，5～9月份发病较多	体温40～41℃，表现为败血症，急性咽喉炎，颈部高度肿胀，呼吸极度困难，鼻有时见带血样泡沫，黏膜发绀	全身组织器官出血，颈部皮下有胶冻样纤维素性浆液；肺暗红或有灰黄色肝变，切面似大理石；胸膜及心外膜有纤维素覆盖。急性时有肺水肿、肺气肿，慢性有坏死灶	青霉素、磺胺等药物均有效

（三）误诊实图解析

误诊实图详见图2-7-1至图2-7-8。

图2-7-1 气喘病
将鼻放其他猪身上减轻肺压

图2-7-2 气喘病
抵地剧咳，放屁甚至喷粪

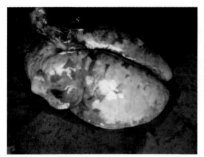

图2-7-3　气喘病

肺急性气肿或对称性胰样病变

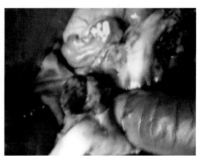

图2-7-4　气喘病

肺门淋巴结肿大增生

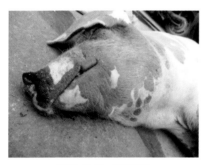

图2-7-5　猪肺疫

呼吸困难，颈肿，鼻流泡沫或带血

图2-7-6　猪肺疫

肺切面呈大理石样

图2-7-7　猪肺疫

肺部气肿和肝变区块

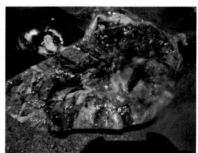

图2-7-8　猪肺疫

肺暗红或灰黄色肝变

（四）误诊分析与讨论

细心分析二者临床诊疗有许多不同之处：①大体：气喘病患猪体温、食欲无大的变化，只是咳嗽气喘，而猪肺疫急性病例体温升高达41～42℃，多呈败血症，全身症状重剧，病程短；②气喘病患猪无颈部肿胀，而猪肺疫以颈部肿胀"锁喉风"为特征；③气喘病肺患猪有胰样病变区，无败血症和胸膜炎的变化，而猪肺疫患猪有败血症和纤维素性胸膜肺炎症状。

气喘病是由猪肺炎支原体引起的，也称猪支原体肺炎。本病发病无品种、年龄和性别的差异，全年均可以发生，在寒冷、多雨、潮湿或气候骤变时较为多见。饲料质量差，猪舍拥挤、潮湿、通风不良是其主要诱因。所有养猪国家均有此病发生和流行。乳猪的感染大都由接触患有本病的母猪所致，被感染的乳猪在断乳时再转播其他猪只。本病的潜伏期较长，因此有更多的猪群在不知不觉中悄然受到感染，致使本病常存于猪群中。本病虽然死亡率低，但感染率高，一旦发现猪场有猪发病，要想彻底清除相当困难。猪群整齐度极差，饲料利用率差，出栏时间延长。特别是易继发其他疾病，从而引起病情加剧和死亡率升高。对猪场造成的损失极大。

（五）实验室鉴别诊断

猪气喘病的病原是猪肺炎支原体，革兰氏染色阴性，无细胞壁，吉姆萨或瑞氏染色呈多形性，有球状、环状、杆状、点状和两极状。能在无细胞的人工培养基上生长，但对生长条件要求严格，分离用含乳蛋白水解物、酵母浸出液和猪血清的液体培养基，在固体培养基上生长较慢，在含5% CO_2的条件下培养6天，可见到圆形、过缘整齐，中央隆起的小菌落。

猪肺疫的实验室鉴别诊断在"猪接触性传染性胸膜肺炎误诊为猪肺疫中"已有说明，此处不再赘述。

可采集发病猪的血液或心、肝、肺等实质器官，进行涂片染色镜检。也可将病料接种于培养基，观察菌落形态并结合生化试验进行综合判定。

八、仔猪红痢误诊为仔猪黄痢

（一）误诊原因及案例

二者误诊原因主要是：①发病年龄相仿；②死亡率均高；③均表现腹泻。

案例： 2012年8月23日，某户饲养的一头经产母猪，产后第2天，突然有一头乳猪无任何症状死亡，还有一头腹泻。该养殖户以为是仔猪黄痢，随使用庆大霉素治疗，同时对全群用庆大霉素注射预防。但遗憾的是以上措施，既没有治愈发病猪，也未对尚未发病猪起到明显预防效果，猪继续发病和死亡，随后要求出诊。

临床症状： 欲观察乳猪粪便情况，但因母猪有异食癖，乳猪排便后均被母猪吃掉，无法获取粪便情况。

病理变化： 剖检时，发现典型病变"红肠子"。从死亡快、死亡率高以及"红肠子"这些特点基本可以诊断为仔猪红痢。

治疗： 用青霉素、头孢类药物，交替注射和口服，虽然不能对发病猪有效治疗（大多来不及治疗），但很快控制了病情的蔓延。

（二）误诊鉴别表

病名	流行情况	临床症状	剖检变化	药物治疗
仔猪红痢	主要侵害1～3日龄仔猪，1周龄以上少发，各窝仔猪发病率差异大，死亡率可达100%	排出浅红或红褐色稀粪，或混合坏死组织碎片和气泡；发病急剧，病程短促，死亡率极高	主要在空肠，有时波及回肠，肠腔内充满带血液体，黏膜坏死、出血，浆膜下及肠系膜有灰色成串的小气泡	多种抗生素药物有效

（续）

病名	流行情况	临床症状	剖检变化	药物治疗
仔猪黄痢	以第1胎母猪产仔或环境卫生差的发病率高；日龄越小的仔猪死亡率越高	排黄色稀粪，内含凝乳小片，排粪失禁，脱水消瘦，衰弱死亡	主要病变是胃肠卡他，肠壁变薄，松弛，充气，尤以十二指肠最为严重，发生充血、出血和急性卡他性炎症。肠系膜淋巴结肿大，心、肝、肾变性	抗生素、磺胺类药物均有效

（三）误诊实图解析

误诊实图详见图2-8-1至图2-8-8。

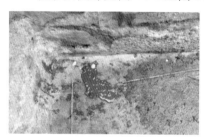

图2-8-1 仔猪红痢
褐色便或血便

图2-8-2 仔猪红痢
血色肠内容物

大肠　空肠出血严重

图2-8-3 仔猪红痢
病变主要在小肠

图2-8-4 仔猪红痢
"红肠子"浆膜间气泡

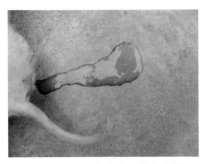

图2-8-5 仔猪黄痢 黄色水样

图2-8-6 仔猪黄痢 也可见糊状

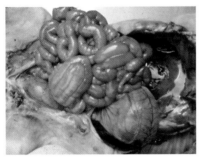

图2-8-7 仔猪黄痢
肠壁变薄，松弛黄色

图2-8-8 仔猪黄痢
肠卡他黄色内容物

（四）分析讨论

①仔猪红痢与仔猪黄痢的区别在于：仔猪红痢患猪排出浅红或红褐色稀粪（红痢），或混合坏死组织碎片和气泡；而仔猪黄痢患猪排黄色稀粪（黄痢），内含凝乳小片；②仔猪红痢患猪发病急剧，有时看不到排红痢就短时间内死亡，死亡率极高；而仔猪黄痢患猪排粪失禁，脱水消瘦，衰弱死亡；③剖检：仔猪红痢病变主要在空肠，有时波及回肠；仔猪黄痢主要病变是胃肠卡他，十二指肠最为严重；④剖检：仔猪红痢患猪肠腔内充满带血液体，黏膜坏死；而仔猪黄痢肠壁变薄，松弛，胀气并有黄色液体。

仔猪红痢与为仔猪黄痢，虽然发病日龄相仿，但较易鉴别，主要是红褐色粪便和剖检"红肠子"。

仔猪红痢，是由C型魏氏梭菌引起的肠毒血症。主要侵害1～3日龄初生仔猪，1周龄以上仔猪少见发病。猪群中各窝发病率差异很大，死亡率极高。病原低抗力很强，并广泛存在于病猪群母猪肠道及外界环境中，故常呈地方性流行。病原抵抗力强，不易根除。

（五）实验室鉴别诊断

仔猪红痢的病原为C型魏氏梭菌，革兰氏染色阳性，长4～8微米，宽0.8～1微米，为两端钝圆的粗短杆菌，单独或成双排列，在自然界中形成芽孢较慢，芽孢呈卵圆形，位于菌体中央或近端，在机体内形成荚膜，是本菌的重要特点，但没有鞭毛，不能运动，人工培养基上常不形成芽孢。其最适培养基为血液琼脂平板，37℃厌氧培养过夜，便能分离出魏氏梭菌。魏氏梭菌在血液琼脂上形成圆形、光滑的菌落，直径2～4毫米，周围有两条溶血环，内环呈完全溶血，外环不完全溶血（多用兔、绵羊血）。

仔猪黄痢的病原为致病性大肠杆菌，革兰氏阴性短杆菌，大小0.5～1.5微米。周身鞭毛，能运动，无芽孢。在普通培养基上即可生长，能发酵多种糖类产酸、产气。

九、猪增生性肠炎误诊为猪痢疾

（一）误诊原因及案例

猪增生性肠炎误诊为猪痢疾的原因是：①二者均排血便，粪便中均见组织碎片；②二者均有个别急性患猪突然死亡现象；③猪增生性肠炎：排沥青样黑色粪便；猪痢疾：粪便常含有黯黑色血液，俗称黑粪；④均可出现贫血表现。

严重时，可见含血液、黏液和白色黏液纤维性渗出物碎片的水样粪便；虽然有说猪痢疾主要感染7～12周龄仔猪，增生性肠炎主要感染生长肥育猪。但是，实际诊疗工作中，患猪发病年龄有重叠之处。例如，猪增生性肠炎发生于6～20周猪只，猪痢疾发生于7～12周猪只，但肥育猪也有发病。因此，从流行年龄区别是困难的。粪便和剖检也有相似性，这就能导致误诊的发生。好在误诊可能不会导致完全误治，因多种药物能同时对二者均有效。

案例：2013年5月，某户在外地购入25千克左右的仔猪40头。约15天后个别猪只陆续出现腹泻，用穿心莲注射液肌内注射，每天1次，连用3天，效果并不理想。于是要求会诊。

临床症状：患猪精神活跃，对食物好奇，不过采食很少，粪便糊样或水样，颜色较深，个别猪便混有血液或坏死的组织碎片；病猪消瘦、弓背弯腰、肤色苍白。据养殖户反应，患猪有时腹泻，有时正常，呈间歇性下痢。病程长的见煤焦油状下痢。

病理变化：小肠，特别是回肠黏膜增厚、出血或坏死等。

根据以上情况初步怀疑是猪增生性肠炎。

（二）误诊鉴别表

病名	流行情况	临床症状	剖检变化	药物治疗
猪增生性肠炎	见于6～20周龄，无季节性，发病缓和散发，死亡率5%～10%	精神活跃，对食物好奇，但采食少；皮肤苍白，排间歇水样或糊样血样或煤焦油状便，可能含纤维素	肠黏膜增生，主要在回肠，有时可波及结肠襻上1/3处和盲肠	支原净、磺胺类药物等有效
猪痢疾	传播慢，无明显季节性，7～12周猪多发，哺乳猪和生长育肥猪发病少；潜伏期3～21天，死亡率5%～25%。	精神萎靡，黏液性、出血性、组织碎片混合黄油状，时轻时重	病变限大肠、回盲口分界，大肠黏膜水肿、充血、出血、含有血凝块、纤维素坏死	痢菌净、林可霉素等药物有效

（三）误诊实图解析

误诊实图详见图2-9-1至图2-9-8。

图2-9-1　猪增生性肠炎
排煤焦油样粪便

图2-9-2　猪增生性肠炎
病猪可见腹部膨大

图2-9-3　猪增生性肠炎
肠后部直径增加

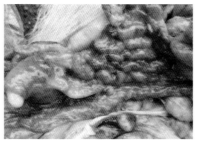

图2-9-4　猪增生性肠炎
肠黏膜皱褶并出血

图2-9-5　猪痢疾
病猪表现腹痛、弓背、吊腹

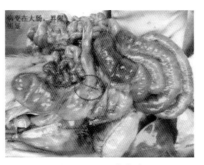

图2-9-6　猪痢疾
病变在大肠，界限明显

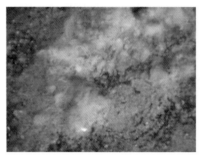

图2-9-7　猪痢疾
粪便呈油脂状、胶冻状

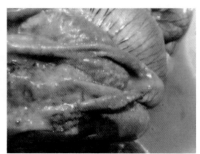

图2-9-8　猪痢疾
肠黏膜肿、附纤维素，褶消失

（四）误诊分析与讨论

二者鉴别：①猪增生性肠炎：精神活跃；猪痢疾：精神萎靡；②猪增生性肠炎：患猪对食物好奇，但往往吃几口就走；③猪痢疾常常逐渐传播到整个群，且每天都可能出现新感染的猪；④猪增生性肠炎死亡率低，而猪痢疾死亡率高，严重感染猪，如不治疗或治疗方法不当，都可能死亡；⑤猪增生性肠炎病变在回肠，猪痢疾病变集中于大肠；⑥猪增生性肠炎：急性4～12月龄，慢性6～12周；猪痢疾：不分年龄、品种的猪都可感染发病，但以仔猪发病率高。

猪增生性肠炎是由一种厌氧菌，即胞内劳森菌引起的一种接触性传染病，常发生于6～20周龄的生长育成猪，也发生于母猪，被感染的猪群死亡率虽然不高，仅有5%～10%；但由于患猪对饲料利用率下降（比正常猪下降17%～40%），生长迟缓，被迫淘汰率升高，猪舍占用时间延长，给养猪业带来的经济损失还是严重的。

本病无严格的季节性。病猪及病原的携带者是主要传染源，工人的服装、靴子、器械、老鼠均可携带细菌而成为传播媒介；核心群的公母猪是潜在的传染源，并能引起急性传染病的暴发，6～20周龄的断奶仔猪慢性型多见，4～12月龄青年猪多发生急性出血型。各种应激反应，如转群、混群、昼夜温差过大、湿度过大、密度过高、频繁引种、频繁接种疫苗、突然更换抗生素造成菌群失调等，猪群内存在免疫抑制性疾病，如蓝耳病、圆环病毒以及霉变饲料等均可诱发本病。

（五）实验室鉴别诊断

猪增生性肠炎的病原为胞内劳森菌，是一种生长于肠黏膜细胞中的专性细胞内寄生菌。菌体杆状，两端尖或钝圆，革兰氏染色阴性，抗酸染色阳性。

猪痢疾的病原为猪痢疾密螺旋体，取病猪新鲜粪便或大肠黏膜涂片，用吉姆萨、草酸铵结晶紫或复红色液染色镜检，高倍镜下每个视野见3个以上具有3～4个弯曲的较大螺旋体。分离培养本病原需在厌氧条件下进行。

十、破伤风误诊为风湿性关节炎

（一）误诊原因及案例

两病误诊主要是：①破伤风患猪肌肉强直痉挛与风湿性关节类患猪的肌肉表面坚硬易混淆；②两患猪行走均不自然，转弯均不灵活。

案例：某养猪户饲养的一窝36日龄仔猪，发生一种以初期运动困难，容易倒地，扶起后仍能站立的症状。随着时间的推移病情越来越严重，用水杨酸制剂无效，要求笔者出诊。

临床症状：患病猪同窝仔猪一共13头，其中有3头发病，且症状相同。患猪肌肉痉挛，牙关紧闭，口流液体，瞬膜外露，两耳直立，头部微仰，尾部举起，弓背、触摸身体如木板，刺激后强直，应激性增高，四肢僵直，呼吸困难（肌肉强直痉挛的结果）。仔细观察发现，发病猪均为小公猪，睾丸均已经被摘除。询问户主得知已经阉割10天，前天晚上发病。

根据以上特征性症状，结合阉割后7天左右发病又与"七日风"（民间俗称"破伤风"）吻合，诊断为破伤风病。

（二）误诊鉴别表

病名	流行情况	临床症状	剖检变化	药物治疗
破伤风	破伤风梭菌厌氧条件下大量繁殖产毒，各种家畜和人均可感染，主要经伤口感染，猪常见于阉割后1周左右	肌肉痉挛、牙关紧闭、流涎、应激性增高、侧卧和耳朵竖立，头部微仰，四肢僵直后伸，角弓反张，呼吸困难（肌肉强直痉挛的结果）而死亡	无特征性病理剖检变化	破伤风血清、抗毒素、青霉素等药物有效
风湿性关节炎	突然发病，疼痛有转移性，易反复；根据发病组织、器官不同，风湿病可分为肌肉风湿病和关节风湿病；引起风湿病的主要原因是受寒、潮湿、遇到雨淋、贼风袭击等	风湿性关节炎可反复发作并累及心脏，关节和肌肉游走性酸楚、疼痛为特征，多以急性发热及关节疼痛起病；风湿性关节炎因发病部位不同，症状也有区别，可表现肌肉表面坚硬、不平滑，慢性时肌萎缩；斜颈，头颈伸直，低头困难，背腰弓起，蹄尖拖地，转弯不灵活，起卧困难	关节腔有积液，触诊有波动，穿刺液为纤维素性絮状浑浊液，滑膜及周围组织增生、肥厚，关节变粗	可内服水杨酸钠、碳酸氢钠

（三）误诊实图解析

误诊实图详见图2-10-1至图2-10-8。

图2-10-1　破伤风
瞬膜外露、呼吸困难、四肢僵直后伸

图2-10-2　破伤风
患病猪辅助后仍能站立

图2-10-3 破伤风
阉割后1周公猪发病、举尾、竖耳

图2-10-4 破伤风
角弓反张、侧卧和耳朵竖立

图2-10-5 风湿性关节炎
斜颈，头颈伸直，低头困难

图2-10-6 风湿性关节炎
背腰弓起，蹄尖拖地

图2-10-7 风湿性关节炎
肌肉表面坚硬、不平滑

图2-10-8 风湿性关节炎
转弯不灵活

（四）误诊分析与讨论

两病临床上虽然相似程度较高，但注意以下几点可以轻松鉴别：①破伤风病一般必须有外伤史可查，常在外伤后1周左右发病，即所谓的"七日风"，临床上特别是小公猪阉割1周左右发病最为常见；②角弓反张、侧卧、举尾和耳朵竖立是破伤风病的典型症状；③风湿病的特点是突然发病，与外伤无关；④风湿病疼痛有转移性，容易复发；⑤风湿病患猪卧久起来行走特别吃力，活动一定时间可能缓解；⑥风湿病患猪背腰弓起，蹄尖拖地，步幅短且呈痛苦状；⑦水杨酸钠对风湿病有良效。

猪破伤风是由破伤风梭菌在深部感染处形成的毒素引起的急性传染病。本菌广泛存在于自然界，人和动物的粪便中亦可存在，尘土、施过肥的土壤、腐烂淤泥等处也存有本菌。各种家畜和人均有易感性。实验动物中，豚鼠、小鼠易感，家兔有抵抗力。在自然情况下，感染途径主要是通过各种创伤，如猪的去势、手术、断尾、脐带、口腔伤口、分娩创伤等，我国猪破伤风以去势创伤感染最为常见。

由于破伤风梭菌是一种严格的厌氧菌，必须具备一定条件才能存活。因此，伤口狭小而深，伤口内发生坏死，或伤口被泥土、粪污、痂皮封盖，或创伤内组织损伤严重、出血、有异物，或与需氧菌混合感染等情况时，才是本菌最适合的生长繁殖场所。本案例误诊主要是养殖户见患猪走路异常，肌肉僵硬症状，没能全面分析就下结论造成的。

（五）实验室鉴别诊断

破伤风症状比较直观和有特点，一般不需实验室诊断。而风湿性关节炎，依据病史、临诊症状可作出诊断，必要时可内服水杨酸钠、碳酸氢钠或运步检查，如跛行明显减轻即可确诊。

十一、小叶性肺炎误诊为大叶性肺炎

（一）误诊原因及案例

小叶性肺炎误诊为大叶性肺炎的原因是：①两病均出现体温升高；②均有呼吸困难、咳嗽的呼吸道症状；③均可见流鼻液；④剖检均出现肺部病变。

案例：某猪场外购40千克仔猪100头，购回后有部分仔猪陆续出现精神沉郁，食欲减少或废绝，有的患猪黏膜充血、发绀。猪场兽医用青霉素连用2天未见明显疗效，随要求笔者出诊。

临床症状：咨询观察猪群有明显临床表现的约8%。对患猪（经过和未经治疗的患猪）测温，体温为40～41℃。有的呼吸急促，多数患猪流鼻液，但流鼻液的情况不尽相同。有浆性鼻液，也有浓稠的鼻液。咳嗽，有的呈痛苦状干咳，有的患猪湿咳。

病理变化：主要病变在肺，心叶、尖叶和膈叶的前下缘，发炎部位的肺组织质地变实，病灶呈不规则形，散布在肺的各处，呈岛屿状，病灶的中心可见到一个小支气管。肺的切面上可见散在的病灶区，用手挤压见从小支气管中流出一些脓性渗出物。支气管黏膜充血、水肿，管腔中含有带黏液的渗出物。

治疗：本病的治疗原则是抑菌消炎、祛痰止咳、制止渗出、对症治疗、改善营养、加强护理等，要有足够的疗程。对大群猪加强饲养管理，冬季猪舍清洁，温暖，通风和采光良好，并且空气中要有一定湿度，防止过分干燥（尘土飞扬）。改善营养是预防和控制本病的主要手段。

①抑菌消炎　临床上主要应用抗生素和磺胺类药物，治疗前最好采取鼻液作细菌药敏试验，选择敏感药物。一般用20%磺胺嘧啶钠10～20毫升，肌内注射，2次/天，连用数天；或青霉素80万～160万国际单位和链霉素100万国际单位肌内注射，2次/天，连用数天。不明病原菌时，最好选用两种抗生素联合用药。病毒性肺炎，如考虑是腺病毒感染，首选病毒唑，且应早期应用，

疗程 3～5 天，或应用干扰素治疗。

②祛痰止咳　当病猪频繁出现咳嗽而鼻液黏稠时，将氯化铵及碳酸氢钠各 1～2 克，溶于饮水中口服。镇痛止咳剂，用复方樟脑酊 5～10 毫升口服，2～3 次/天；或磷酸可待因 0.05～0.1 克口服，1～2 次/天，同时可熬制萝卜水自由饮用。

③制止渗出　静脉注射 10%氯化钙液 10～20 毫升或 10%葡萄糖酸钙 10～20 毫升，1 次/天，对制止渗出和促进渗出液吸收具有较好的效果。溴苄环已铵能使痰液黏度下降，易于咳出，从而减轻咳嗽，缓解症状。

④对症治疗　体质衰弱时，可静脉注射 25%葡萄糖注射液 200～300 毫升；心脏衰弱时，可皮下注射 10%安钠咖 2～10 毫升，3 次/天。出现严重合并症或并发症者，应及时分别处理。

（二）误诊鉴别表

病名	流行情况	临床症状	剖检变化	药物治疗
小叶性肺炎	受冷空气侵袭而感冒，抗病能力降低；猪圈通风不良，有害气体被吸入，误将饲料或水呛入气管，支气管炎、肺丝虫病、蛔虫病及流感等病也能继发本病，子宫炎、乳房炎病原菌转移至肺脏后也能继发本病	精神沉郁，食欲减少或废绝，黏膜充血、发绀，呈弛张热（炎症蔓延时体温升高，炎症消退时体温降低），鼻孔流出黏液性分泌物，胸部叩诊，部分肺有小浊音区，而大部分肺有清晰的鼓音；听诊，病灶部分呼吸音弱，可听到捻发音	肺的前下部散在一个或数个孤立的不同大小的肺炎病灶，并且每个病灶是一个或一群肺小叶；肺的病灶部组织不含空气，呈暗红色或灰红色，剪取病组织投入水中下沉；新病区呈红色、灰红色，较久的病区呈灰黄色或灰白色，挤压可流出液体，肺间质组织扩张，因渗出液浸润而呈胶冻样，支气管充满渗出物，病灶周围可发现代偿性气肿	一般以消炎、祛痰、镇咳为主

（续）

病名	流行情况	临床症状	剖检变化	药物治疗
大叶性肺炎	以肺泡内纤维蛋白渗出为主要特征，病因：①病原为链球菌、绿脓杆菌、巴氏杆菌等；②动物受寒、感冒，吸入有害气体；③猪瘟等疾病也可继发大叶性肺炎	患畜突然发生持续性高热，呈稽留热，体温达40～41℃，一般持续6～9天；听诊，脉搏快，呼吸频繁，猪、羊70～80次/分钟，可视黏膜充血，肌肉发抖，严重气喘，间歇性痛咳，整个肺有湿啰音；叩诊，整个肺呈现浊音区（病灶有渗出物）	①充血水肿期：肺略大，有弹性，肺组织呈褐红色；②红色肝变期：肺脏肿大，质地变实，呈暗红色，类似肝脏，所以称肝变；③灰色肝变期：病变部呈灰色（灰色肝变）或黄色肝变，肿胀，切面为灰黄色花岗岩一样，质地坚实如肝；④溶解期：病肺组织较前期缩小，质软，色泽逐渐恢复正常	参考小叶性肺炎

（三）误诊实图解析

误诊实图详见图2-11-1至图2-11-8。

图2-11-1 小叶性肺炎
流鼻、短顿痛咳

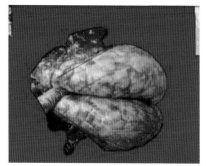

图2-11-2 小叶性肺炎
心叶、尖叶和中间叶病变明显

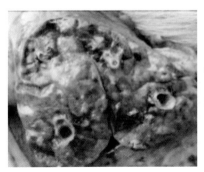

图2-11-3　小叶性肺炎
病灶以小支气管为中心

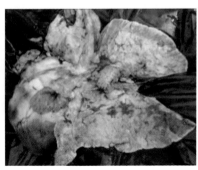

图2-11-4　小叶性肺炎
病灶散布在肺的各处，肺叶现裂隙

图2-11-5　大叶性肺炎
严重咳喘、流铁锈色鼻液

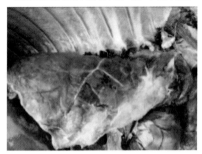

图2-11-6　大叶性肺炎
外观大理石状变

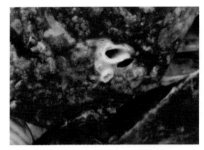

图2-11-7　大叶性肺炎
肺切面见渗出纤维蛋白凝胶颗粒

图2-11-8　大叶性肺炎
隔叶上的脓肿结节

（四）误诊分析与讨论

小叶性肺炎误诊为大叶性肺炎的原因：①长途运输、气候、环境恶劣可诱导小叶性肺炎，大叶性肺炎主要是细菌感染；②热性：小叶性肺炎临床上以弛张热型为主；大叶性肺炎临床上持续性高热（稽留热）；③流鼻液：小叶性肺炎患猪初流白色浆液性，后变为灰白色黏液性或黄白色脓性鼻液；大叶性肺炎患猪流铁锈色鼻液；④剖检：小叶性肺炎是以支气管为中心的肺小叶的感染，病灶是很多小块；而大叶性肺炎整个肺大叶或全肺肿胀有大理石状肝变区；⑤小叶性肺炎不是那么容易治好，而大叶性肺炎病情急，但只要及时使用抗生素很快就能治愈。

　　小叶性肺炎与大叶性肺炎均属于大体病理变化描述，其与病原间不是严格的对应关系。从病原学角度来看，引致支气管肺炎（肺实变）的因素包括肺炎支原体、巴氏杆菌、链球菌等，以肺炎支原体的感染最为常见，实变部位主要在心叶、尖叶。而引致胸膜炎的因素依据发生部位与形态的不同有所不同。一般认为，尖叶与心叶间的粘连较轻微，多由肺炎支原体与巴氏杆菌等感染所致，对肺脏呼吸功能的影响较轻微，而膈叶的胸膜炎病变多因传染性胸膜肺炎的感染引致，偶尔也由副猪嗜血杆菌、链球菌等感染引致，对肺的呼吸功能影响也较严重。本病例误诊主要原因就是发热、呼吸道症状。实际上只要稍仔细一点，误诊是绝对可以避免的。然而，就两病鉴别诊断来说，两病的治疗原则是基本一致的。

　　（五）实验室鉴别诊断

　　小叶性肺炎：X射线检查，肺纹理增强，呈现大小不等的灶状阴影，似云雾状，有的融为一片。大叶性肺炎：X射线检查，可见①密度均匀的致密影；②炎症累及肺段表现为片状或三角形致密影；③炎症累及整个肺叶，呈以叶间裂为界的大片致密阴影。

十二、乳猪附红细胞体病误诊为仔猪黄痢

　　（一）误诊原因及案例

　　乳猪附红细胞体病误诊为仔猪黄痢的原因是：①均可导致黄

色下痢；②均出现较高死亡现象；③哺乳母猪均正常。

案例： 2012年7月，某户饲养的一头经产母猪，所产3天的乳猪开始排黄色稀便。畜主用庆大霉素、环丙沙星等治疗无效，随后给笔者打来电话咨询。一番询问后，没能怀疑其他疾病，而怀疑大肠杆菌产生抗药性所致，建议更换药物。2天后畜主又打来电话说，换了两种药物仍然无效，从前这病没这么难治过，同时要求笔者出诊。

临床症状： 该养殖户有3窝8～12日龄哺乳仔猪，这3窝仔猪都有不同程度的腹泻。粪便黄色为基调，只是颜色深浅而已，有的甚至出现黄绿色糊状或水样，无法与黄痢区别。皮肤大多暗红或黄染，部分仔猪眼周青紫或紫灰色，腹部皮下可见蓝紫色瘀点，毛孔有少量渗血点。

病理变化： 对一头死亡乳猪剖检，内脏器官均黄染。静脉采血图片镜检见典型的红细胞损害。据此，诊断为乳猪附红细胞体病。

治疗： 用盐酸土霉素连用3天，陆续好转。

（二）误诊鉴别表

病名	流行情况	临床症状	剖检变化	药物治疗
乳猪附红细胞体病	可发各日龄，四季均可发生，夏秋多发，运输、恶劣天气、突然更换饲料等应激易诱发，乳猪危害严重	乳猪后排乳头、肛门、眼周紫灰色，眼结膜皮肤苍白或黄染，四肢抽搐，腹泻、粪便深黄色或黄色黏稠，有腥臭味，死亡率在20%～90%，部分很快死亡	皮下水肿，多有胸腹、心包积水，心外膜有出血点；心肌苍白，松弛无力；肝肿变性黄棕色，有黄色条纹；胆囊充满浓稠明胶样胆汁；胃黏膜溃疡灶；肠黏膜出血	四环素类药物有效

（续）

病名	流行情况	临床症状	剖检变化	药物治疗
仔猪黄痢	以第1胎母猪产仔或环境卫生差的发病率高，日龄越小的死亡率越高，第1头猪拉稀后，一两天内便传染至全窝	排黄色稀粪，内含凝乳小片，排粪失禁，脱水消瘦，衰弱死亡	胃肠卡他，肠壁变薄松弛、充气，十二指肠最为严重，发生充血、出血和急性卡他性炎症；肠系膜淋巴结肿大，心、肝、肾变性	抗生素、磺胺类药物均有效

（三）误诊实图解析

误诊实图详见图2-12-1至图2-12-8。

图2-12-1　乳猪附红细胞体病
眼周紫灰色

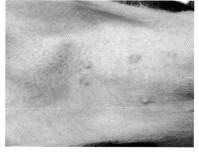

图2-12-2　乳猪附红细胞体病
后排乳头紫灰色，皮下血点

图2-12-3　乳猪附红细胞体病
心肌松弛，肺黄有出血点

图2-12-4　乳猪附红细胞体病
肝黄，胆囊流浓稠胆汁

图2-12-5　仔猪黄痢
黄色糊状或水样腹泻

图2-12-6　仔猪黄痢
有的水泻看不出，细看后躯湿露

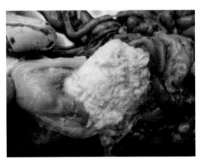

图2-12-7　仔猪黄痢
胃积乳块，黏膜卡他或出血

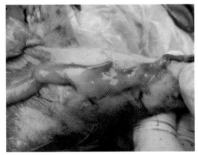

图2-12-8　仔猪黄痢
肠内黄色稀薄内容物

（四）误诊分析与讨论

　　从腹泻表象来看确实容易误诊，不过抓住几点还是较易区别：①乳猪附红细胞体发病较缓和，而仔猪黄痢则是第1头发病后，一两天内便传至全窝；②乳猪附红细胞体患猪贫血、黄疸，而黄痢一般无此表现；③乳猪附红细胞体患猪眼周、肛门、公猪阴囊和后两排乳头紫灰色，而黄痢无此表现；④乳猪附红细胞体患猪毛孔见渗血点，而黄痢无此表现。

　　乳猪附红细胞体病的出现在我国已经有20余年的历史。起初该病并未引起足够的重视，可能与最早研究该病时，认为非摘脾动物不发病有关。近年来猪的附红细胞体病有趋于严重的态势，很多猪场因此损失惨重。附红细胞体对宿主的选择并不严格，人、牛、猪、羊等多种动物均可感染，且感染率比较高。有人作过调查，各阶段猪的感染率达80%～90%；人的感染阳性率可达86%；而鸡的阳性率更高，可达90%。但除了猪之外其他动物的发病率不高。就猪而言，本病可发生于各种年龄，尤以架子猪多见，母猪的感染也比较严重。被感染的猪不能产生很强的免疫力，再次感染会随时发生。饲养管理不当、气候恶劣或其他疾病可加重本病的发生。本病一年四季均可发生，夏秋多发。只有新发病区能形成地方性流行，一旦发生，多呈暴发流行。以仔猪，特别是1月龄内的仔猪死亡率最高，患病猪及隐性感染猪是重要的传播源。本病例误诊主要是只看到黄色下痢，就下结论，没能综合考虑所致。

（五）实验室鉴别诊断

猪附红细胞体属于立克次体目附红细胞体属（*Eperythrozoon*）成员，是一种多形态微生物，多呈环形、球形和椭圆形，少数呈杆状、月牙状、顿号形、串珠状等不同形态。平均直径为0.2～2.5微米，单独、成对或成链状附着于红细胞表面。附红细胞体对苯胺色素易着色，革兰氏染色阴性，吉姆萨染色呈淡红或紫红色，瑞氏染色为淡蓝色。在红细胞上以二分裂方式进行增殖。迄今尚无法在非细胞培养基上培养。

仔猪黄痢的实验室鉴别诊断在"仔猪红痢误诊为仔猪黄痢"中已有说明，此处不再赘述。

十三、仔猪渗出性皮炎误诊为猪疥螨病

（一）误诊原因及案例

对于仔猪渗出性皮炎与猪疥癣病，一般情况下，从皮肤损害表征变化上很难区别，如①皮肤增厚、裂隙；②渗出液结痂；③皮肤皱褶等，二者均具备这些变化。

案例：2011年8月，某养殖户饲养的一头母猪，产下14头仔猪，出生后13天有个别仔猪开始发病。因该养殖户养猪多年，对一些猪病有一定了解。此次养猪户根据前些年曾遇到过类似情况，初步怀疑是猪疥癣。用柴油涂抹几次无效，后又准备用敌百虫稀释给病猪喷洒。但考虑对乳猪影响，改用阿维菌素口服和涂抹患病仔猪，但仍然无济于事，于是要求笔者出诊。

临床症状：患病仔猪体温正常或偏高，消瘦及脱水，刚发病猪仍争乳吃，发病稍长的猪发抖和厌食，表皮层的剥脱现象很似日晒病，皮肤裂隙中的皮脂及血清渗出，沾染尘埃后形成看上去让人极不舒服的痂皮，皮肤干燥、皱缩，被毛竖起似刺猬。细心观察片刻发现患猪似无疼痛和瘙痒感觉。

诊断：采取病猪痂下分泌物涂片，革兰氏染色后显微镜观察发现大量葡萄球菌。根据病猪不发热、无搔痒、病变全身化的特征，结合实验室检验诊断为猪渗出性皮炎，而疥癣严重搔痒。

治疗：①用高锰酸钾带猪消毒，每天2次，对母猪、仔猪体表全部消毒，已发病仔猪用0.1%高锰酸钾溶液浸泡3～5分钟，每天1次，连用4天。②群体用药：虽然不是全窝发病，但千万不要采取个体治疗，全窝或全栏给药一个疗程，用头孢菌素I，每千克体重25毫克，肌内注射，每天2次，连用3天，也可选用林可霉素、庆大霉素等药物治疗。

治疗时建议两种药物联合使用，可防止细菌对某种药物产生抗性，延误治疗，有条件的可作细菌分离和药敏试验。

建议养殖户：要注意母猪进入产房前的卫生与消毒，产房空圈时用高效消毒剂彻底消毒两次。进入产房后母猪体表也要消毒。尽可能避免圈舍内一切容易导致外伤的因素，出生仔猪必须剪齿，且断尾剪齿的工具应严格消毒。对外伤尽快处理治疗。10天后电话回访，除了1头严重病例死亡外，其他患猪均痊愈，尚未发病猪用药后也未见发病现象。

（二）误诊鉴别表

病名	流行情况	临床症状	剖检变化	药物治疗
仔猪渗出性皮炎	理论上此病常发生于1～6周龄猪只，实际上断奶猪很少见，多为争乳时犬牙相互划伤，细菌经伤口感染所致	油皮、有皮屑，最急性常在3～5天死亡；皮肤裂隙中的皮脂及血清渗出，形成皱缩、痂皮，无明显疼痛及痒感	棕色、油腻并有臭味的厚痂，在肾切面见尿酸盐	作用于葡萄球菌的药物有效
猪疥螨病	秋冬及初春季节患病严重，保育猪至架子猪多发，发病率高，可达100%，哺乳猪很少见	剧痒，到处擦痒，患部摩擦而出血，被毛脱落；皮肤出现小的红斑丘疹，皮肤增厚、渗出液结痂，出现皱褶或龟裂	病变同临床症状	驱虫药物洗浴、口服均可

（三）误诊实图解析

误诊实图详见图2-13-1至图2-13-8。

图2-13-1 仔猪渗出性皮炎
主要发生哺乳仔猪

图2-13-2 仔猪渗出性皮炎
典型油皮，无痛痒

图2-13-3　仔猪渗出性皮炎
形成痂皮

图2-13-4　仔猪渗出性皮炎
肾切面见尿酸盐结晶

图2-13-5　猪疥癣病
奇痒，用蹄挠痒

图2-13-6　猪疥癣病
奇痒，在墙壁摩擦

图2-13-7　猪疥癣病
癣处摩擦脱毛

图2-13-8　猪疥癣病
皮肤痂皮，保育易感

（四）误诊分析与讨论

临床症状多近似，鉴别方法也不少，触诊和视诊，对诊断该病可能无用，痂皮难分辨：①猪渗出性皮炎病猪不发热，无搔痒，病变全身化；②疥癣最常见、最具有诊断意义的临床症状为患猪奇痒，皮肤出现小的红斑丘疹；③抓捕疥癣严重病例的耳或腿时，可出现皮肤与皮下组织分离，抓在手中的可能是一个"皮套"，这可能是疥癣虫在皮下打隧道，造成皮肤与皮下组织分离所致；④两病外观虽然都是以损害皮肤为特征，但是疥癣患猪基本无死亡，而渗出性皮炎病乳猪死率相当高。及时正确的诊断，合理用药已及足够的疗程是降低渗出性皮炎死亡率的关键。

仔猪渗出性皮炎，又名油皮病，由葡萄球菌所引起。此病常发生于 1～6 周龄猪只。患猪全身性皮炎，可导致腹水和死亡。该病呈散发性，对个别猪群的影响可能很大，特别是新建立或重新扩充的群体。该病在各窝小猪中呈散发性发生，发病率低。在无免疫力猪群中引进带菌猪时，会导致各窝小猪都被感染，死亡率可达70%或更高。

因仔猪渗出性皮炎皮肤损伤严重，因此影响患猪的新陈代谢，造成内毒素中毒死亡。有时注射 1～2 次药物很难看出疗效（皮肤损伤看不出好转），有些养猪户就放弃治疗。再者葡萄球菌极易产生耐药性，有些药物治疗可能无效。因此，在治疗本病时，有较多的治疗失败的病例。建议在治疗本病时，一要连续用药，彻底杀灭细菌；二要联合用药，以防细菌产生抗药性；三要全群用药，预防尚未发病的猪感染；四要肌内注射与体表清理用药同步，达到彻底治愈的目的。该病例中，养殖户以前饲养的架子猪发生过猪疥癣，用敌百虫、柴油等涂擦，治疗效果很好，没有对此次发病作综合分析，把以前治疗猪疥癣的良方用在治疗渗出性皮炎上。因二者病原一个是细菌，另外一个是寄生虫，治疗效果就可想而知了。

（五）实验室鉴别诊断

对于仔猪渗出性皮炎疑似病例，可采取病猪痂下分泌物涂片，革兰氏染色后显微镜观察，可见单个、成双或葡萄串状的圆形革兰氏阳性球菌。或无菌取上述材料接种于血液琼脂培养基，37℃

培养18小时后，见有白色、湿润、光滑稍突起的圆形菌落，边缘完整或稍不规则；培养24小时后，长成白色、圆形小菌落，呈β溶血。涂片镜检，为单个、成双或葡萄串状的革兰氏阳性球菌。

对于猪疥癣疑似病例，在病变区的边缘刮取皮屑（要刮得深，直到见血为止），滴加少量的甘油、水等量混合液或液体石蜡，放在载皮片上，用低倍镜检查，可发现活动的螨虫。也可将刮取的皮屑放入试管中，加入5%～10%的氢氧化钠（或氢氧化钾）溶液，浸泡2小时，或煮沸数分钟，然后离心沉淀，取沉渣镜检虫体。也可将这些沉渣加饱和盐水进行漂浮法检查。

十四、猪钩端螺旋体病误诊为猪附红细胞体病

（一）误诊原因及案例

误诊原因主要还是对这两种黄疸性疾病了解不够，未作细致检查，只是观其表象—黄疸：①这两种猪病患猪均表现皮肤黏膜、浆膜以及内脏器官出血、黄染；2、均见茶色尿液。诊断时确实难于区别，黄染程度随着病程长短也各不相同。

案例： 2005年8月，某户饲养的一圈出生20天的仔猪，突然有仔猪行走蹒跚的现象，体温41℃；以后又有其他仔猪陆续发病，症状相同，开始以为是细菌引起的关节炎。

临床症状： 患猪精神沉郁，行走不稳，皮肤和可视黏膜轻微发黄，头部和颈部浮肿，个别猪出现阵发性痉挛。痉挛时双前肢挺直，弓背，头部向胸部使劲弯曲，同时上下唇有规律地张合，但未见泡沫。个别猪排茶色尿液或棕色粪便。

病理变化： 内脏器官全部黄染，较急性的病例黄染较轻或某几个部位重；切开腹部皮肤可见皮下组织黄染和水肿并有黄色液体流出，肝脏出血和黄染；腹腔积黄色液体；胸腔和心包均积黄色液体；肺出血和黄染；胸肋膜和腹膜黄染；喉头和气管周围组织黄染；前肢窝切开可见前肢神经黄染严重；脾、胃被黄色纤维素炎症包裹；心房出血，由以左心房出血严重；胃浆膜和黏膜均

出血，幽门和贲门黄染，胃门淋巴结出血和黄染；肾上腺出血，肾表面有少量出血点，肾盂出血严重呈酱紫色；肠淋巴结出血和黄染，小肠浆膜黄染严重。

（二）误诊鉴别表

病名	流行情况	临床症状	剖检变化	药物治疗
猪钩端螺旋体病	病猪和鼠类是本病的主要来源；夏春多发，呈地方性流行	下颌、头、颈部和全身水肿，结膜及皮肤潮红、泛黄，血尿；怀孕母猪20%～70%流产且多见于孕后期便绿色，有恶臭味病长见血便，死亡率可达50%以上	皮下组织、浆膜、黏膜有不同程度的黄疸；胃壁、颈部皮下、以及气管周围组织均水肿；心内膜、肠系膜、肠、膀胱黏膜出血；肝肿大，棕黄色	多种抗生素、磺胺类药物等有效
猪附红细胞体病	各日龄猪，架子猪多见，母猪可通过胎盘垂直传播，精液也可传播	皮肤红紫，可连成一片，成为"红皮猪"，毛孔渗血后出现贫血、黄疸有的患猪肛门、鼻、眼周围发青；出现黄尿、血尿	血稀色淡、凝固不良；胸、腹和心包腔积水；心肌苍白松弛；肝肿黄棕色；胆囊膨胀，充满浓稠明胶样胆汁；脾肿，呈暗黑色	四环素类药物等有效

（三）误诊实图解析

误诊实图详见图2-14-1至图2-14-8。

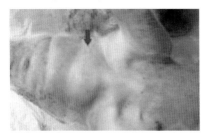

图2-14-1　猪钩端螺旋体病
头颈部肿胀

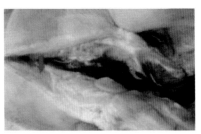

图2-14-2　猪钩端螺旋体病
皮下水肿

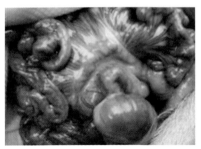

图2-14-3　猪钩端螺旋体病
肠系膜水肿

图2-14-4　猪钩端螺旋体病
绿色稀便

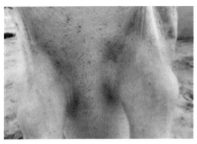

图2-14-5　猪附红细胞体病
毛孔渗血

图2-14-6　猪附红细胞体病
肛门青紫色

图2-14-7　猪附红细胞体病
眼圈青紫色

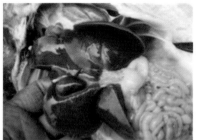

图2-14-8　猪附红细胞体病
胆囊胀满

（四）误诊分析与讨论

　　猪钩端螺旋体病误诊为猪附红细胞体病，是因为这两种病有诸多相似之处。就诊断而论，除了全面收集临床资料外，在分析临床表现的症候群时，没有辩证地去分析，如①猪附红细胞体病除了一些相似于钩端螺旋体的症状外，还表现患猪眼周围青紫色、毛孔渗血；②钩端螺旋体病患猪，头颈部水肿；③剖检时钩端螺旋体病患猪虽然皮下组织、浆膜、黏膜有不同程度的黄疸；但胃壁、颈部皮下、以及气管周围组织均水肿。对较大的犬群每年进行一次检疫，发现病犬及可疑感染犬，应及时隔离。青霉素、链霉素对本病有很好的疗效，尤其在早期应用效果更好；但必须连续治疗3～5天，才能起到消除肾脏内钩端螺旋体的作用。

各种年龄的猪均可感染，但仔猪发病较多，特别是哺乳仔猪和断奶仔猪发病最严重，生长育肥猪一般病情较轻，母猪不发病。传染源主要是发病猪和带菌猪。钩端螺旋体可随带菌猪和发病猪的尿、乳和唾液等排于体外污染环境。猪的排菌量大，排菌期长，而且与人接触的机会最多，对人也会造成很大的威胁。人感染后，也可带菌和排菌。人和动物之间存在复杂的交叉传播，这在流行病学上具有重要意义。鼠类和蛙类也是很重要的传染源，它们都是该菌的自然贮存宿主。鼠类能终生带菌，通过尿液排菌，造成环境的长期污染。蛙类主要是排尿污染水源。

本病通过直接或间接传播，主要途径为皮肤，其次是消化道、呼吸道以及生殖道黏膜。吸血昆虫叮咬、人工授精以及交配等均可传播本病。该病的发生没有季节性，但夏秋多雨季节为流行高峰期。本病常呈散发或地方性流行。

（五）实验室鉴别诊断

猪附红细胞体的实验室鉴别诊断在"第二章，十二、乳猪附红细胞体病误诊为仔猪黄痢"中已有说明，此处不再赘述。

钩端螺旋体形态呈纤细的圆柱形，身体的中央有一根轴丝，螺旋丝从一端盘旋到另一端(12～18个螺旋)，长6～20微米，宽0.1～0.2微米，细密而整齐。暗视野显微镜下观察，呈细小的珠链状，革兰氏染色为阴性，但着色不易。常用的染色方法是吉姆萨染色和镀银染色。

第三章
寄生虫性疾病的误诊

一、猪弓形虫病误诊为猪传染性接触性胸膜肺炎

（一）误诊原因及案例

猪弓形虫病误诊为猪传染性接触性胸膜肺炎的主要原因是：①二者均有体温升高、皮肤发绀或有淤血斑；②均有呼吸困难、犬坐姿势，这是二者主要误诊原因。

案例：2012年夏，某猪场猪出现临床上以呼吸困难，流浆液性鼻汁，犬坐和个别患猪耳、唇及四肢下部皮肤发绀或有淤血斑为主要症状的疾病。该猪场兽医怀疑胸膜肺炎，用青霉素进行治疗，同时饲料中拌入阿莫西林，3天后未见好转。又怀疑气喘病，用林可霉素按每千克体重4万国际单位肌内注射，每天2次，连续3天。同时，每千克饲料中加入泰乐菌素100毫克，连续使用3天后仍无效果。打电话要求笔者出诊。

临床症状：患猪呼吸困难且呈浅表性，咳嗽，有浆液性鼻汁，严重时呈犬坐姿势，后肢出现轻微麻痹。个别猪呕吐。

病理剖检：病死猪全身淋巴结肿大，上有小点坏死灶。肝、脾、肾有小坏死。胸、腹腔有黄色积液，但未见纤维素性假膜。

治疗：对病猪立即注射磺胺类药物，同时饲料中加入磺胺类药物连用4天。

1周后回访，除1头严重病例死亡外，其余患猪均康复，尚未发病猪群用药后也未见新病猪出现。

（二）误诊鉴别表

病名	流行情况	临床症状	剖检变化	药物治疗
猪弓形虫病	呈地方流行性或散发性，在新疫区则可表现暴发性；多发夏秋季节，温暖潮湿的地区；保育猪最易感，症状亦较典型	病初体温升高40～42℃，稽留7～10天；浅表性呼吸困难，后肢不稳；耳、唇及四肢下部皮肤发绀或有淤血斑	全身淋巴结肿大，上有小点坏死灶。肝、脾、肾有小坏死。胸、腹腔有黄色积液	磺胺类药物有效
猪传染性接触性胸膜肺炎	气候剧变，拥挤、通风不良、潮湿等诱因有密切关系；空气、猪间的直接接触、污染排泄物或人员传播病程长短不定，急性慢性兼有	常个别猪突然发病死亡，随后大批猪传播，卧下时四肢收于腹下或不愿卧地，常呆立或呈犬式坐势，末梢皮肤发绀；呼吸异常困难有时鼻见泡沫，张口伸舌、咳喘，并有腹式呼吸。死前口鼻常有血染泡沫	气管、支气管带血分泌物，胸腔有血样渗出液和纤维素性胸膜炎；病程长，可见硬实的肺炎区，肺炎病灶稍凸出表面，常与胸膜发生粘连，间质充满血色胶样	青霉素、头孢类、大环内酯类药物有效

（三）误诊实图解析

误诊实图详见图3-1-1至图3-1-8。

图3-1-1　猪弓形虫病
后腿软

图3-1-2　猪弓形虫病
肝坏死灶

图3-1-3　猪弓形虫病
肾坏死灶

图3-1-4　猪弓形虫病
脾坏死灶

图3-1-5　猪传染性接触性胸膜肺炎
各种异常姿势

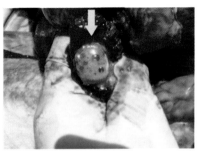

图3-1-6　猪传染性接触性胸膜肺炎
气管血色泡沫

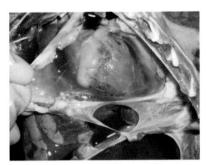

图3-1-7　猪传染性接触性胸膜肺炎
胸腔有血样纤维渗出液

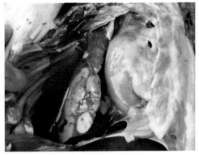

图3-1-8　猪传染性接触性胸膜肺炎
肺大理石变

（四）误诊分析与讨论

猪弓形虫病与猪传染性接触性胸膜肺炎都有呼吸困难、犬坐等症状，确实容易误诊。但是，兽医在诊断猪病时，连最起码的体温都没有测量。两疾病的异同点是：①大多情况下猪弓形虫病患猪体温明显高于猪传染性接触性胸膜肺炎患猪；②呼吸类型是鉴别标准，弓形虫病患猪有浅表性呼吸困难，高热稽留是特征；③剖检：弓形虫病患猪肝、脾、肾、有时肺都有不同程度的坏死灶，而猪传染性接触性胸膜肺炎患猪胸腔有血样纤维素渗出液，心、肺表面附有纤维素性假膜。

　　猪弓形虫病是由一种原虫引起的人畜共患病。弓形虫对中间宿主的选择不严，已知有200多种动物，包括哺乳动物、鸟类以及人类等都可作为中间宿主。理论上讲，本病多发于3～4月龄猪，但实际临床诊疗中，哺乳仔猪也较常见；虽然一年四季均可发生，但一些地方6～9月份的夏秋季节多发。病畜和带虫动物的分泌物、排泄物以及血液，特别是随猫粪排出卵囊污染的饲料和饮水都可成为主要的传染源。猪只主要是吃了被卵囊或带虫动物的肉、内脏、分泌物等污染的饲料而感染发病。呈散发性流行，主要通过呼吸道、消化道、皮肤以及同圈饲养的病猪感染发病，怀孕期间病原可通过胎盘感染，造成流产、死胎。该病例误诊主要是没能掌握呼吸类型。总之辩证的分析临床表现症候群，不要盲人摸象，误诊问题是可迎刃而解的。

（五）实验室鉴别诊断

　　弓形虫病的病原是球虫目弓形虫科弓形虫属的刚地弓形虫，简称弓形虫。采集发病猪的组织或体液，做涂片、压片或切片，甲醇固定后，吉姆萨染色，显微镜下观察可见弓形虫的存在。也可取肺、淋巴结磨碎后加10倍生理盐水过滤，离心沉淀，取沉渣涂片镜检虫体。或应用间接血凝抑制试验进行血清学诊断，猪血清凝集价达1：64以上可判为阳性，1：256表示新近感染，1：1024表示活动性感染。

　　猪传染性接触性胸膜肺炎的病原为胸膜肺炎放线杆菌。该菌是小到中等大小的球杆状到杆状，具有显著的多形性的革兰氏阴性菌。可采集发病猪只的血液或心、肝、肺等实质器官，进行涂片染色镜检。也可将病料接种于培养基，观察菌落形态并结合生化试验进行综合判定。该菌为兼性厌氧菌，其生长需要血液中的生长因子，特别是V因子，不能在新鲜血液琼脂培养基上生长，但可在葡萄球菌周围形成卫星菌落。因此，初次分离本菌时，一定要在血琼脂培养基上划一条葡萄球菌划线，37℃培养24小时后，在葡萄球菌菌落附近的菌落大小为0.5～1毫米并呈β溶血。在巧克力琼脂（鲜血琼脂加热80～90℃，5～15分钟而制成）上生长良好，37℃培养24～48小时后，长成圆形、隆起、表面光滑、边缘整齐的灰白半透明小菌落。在普通琼脂上不生长。

二、猪弓形虫病误诊为猪蓝耳病

（一）误诊原因及案例

猪弓形虫病误诊为猪蓝耳病的主要原因是：①都是不分品种、年龄均可发病；②均有呼吸困难的临床表现；③二者均可导致孕猪流产和死胎；④二者抗生素治疗均无效；⑤高热和皮肤发绀也是误诊的主要原因之一。

案例：2007年5月，某户饲养的哺乳仔猪，28日龄个别发病，以体温升高、呼吸困难为特征。刚开始发病时，养殖户见患猪有明显呼吸道症状，曾用青霉素、链霉素、卡那霉素交替注射治疗，林可霉素粉剂拌料饲喂。治疗几天无效，病情继续蔓延。14头仔猪死亡1头，有严重病例3头，其他猪也陆续表现不同程度的精神沉郁。因用各种抗生素治疗无效，经某猪场技术人员诊断，怀疑是病毒性病蓝耳病。随后用干扰素类药物进行治疗，但是用了几天，花费大量药款，仍无起色，于是要求笔者出诊。

临床症状：该猪舍建在远离村庄的鱼塘边，周围树木怀抱，野草丛生。养殖户比较细心，几乎对每个发病仔猪都测量过体温，一般均为41～42℃。病仔猪精神不振，发抖，个别呕吐，呼吸浅而快，卧地不愿意起立，一旦站起又不愿卧下。眼睑轻肿；提起后肢可见腹股沟淋巴结肿大，部分仔猪后肢内侧有蜱寄生，个别猪皮肤（耳、胸、腹下和四肢）淤血发绀。病程长的猪后肢摆动、共济失调。急性死亡的，膘情良好。

病理变化：后胸、腹腔有黄色积液。肺高度水肿，小叶间质增宽，小叶间质内充满半透明胶冻样渗出物，肺表面有白色米粒大小坏死灶。气管和支气管内有大量泡沫。肝表面散在有小点坏死灶。脾略肿胀，呈棕红色并有棕黄色少量坏死灶。肾皮质除了小点出血外也见白色坏死灶。全身淋巴结肿大，肠系膜淋巴结呈囊状肿胀。

治疗：用磺胺间甲氧嘧啶注射液，每千克体重0.075克肌内注射，每天1次，连用3天,首次加倍量；同时每1 000千克饲料加入800克磺胺间甲氧嘧啶粉剂，连用5天结果13头仔猪无一死亡。

（二）误诊鉴别表

病名	流行情况	临床症状	剖检变化	药物治疗
猪弓形虫病	感染多种动物，各种年龄、性别、品种的猪只都易感，至死率较高	耳、腹下皮肤淤血，体温升高，流浆液性鼻汁，浅表性呼吸困难，部分母猪有繁殖障碍	淋巴结肿胀坏死，肝、肺、脾、肾实质器官坏死灶	磺胺类药物有特效
猪蓝耳病	只感染猪，各年龄、性别、品种猪都易感，新疫区传播迅速，哺乳猪和孕猪最易感，新生猪致死率高	孕猪除呼吸道症状外，晚期流产，流产率可达50%以上；新生猪呼吸困难，高度至死，随日龄增加，呼吸道症状逐渐减轻，部分表现蓝耳	肺脏呈红褐花斑状，不塌陷；仔猪胸腔积水，皮下、肌肉及腹膜下水肿，间质性肺炎	无特效治疗药，流行地区给仔猪及产前母猪接种疫苗

（三）误诊实图解析

误诊实图详见图3-2-1至图3-2-8。

图3-2-1　猪弓形虫病
流浆液鼻汁，犬坐，浅表呼吸困难

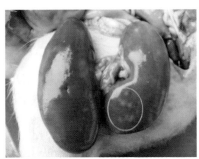

图3-2-2　猪弓形虫病
肾坏死灶

图3-2-3　猪弓形虫病
脾坏死灶

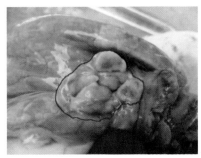

图3-2-4　猪弓形虫病
肺门淋巴结水肿，切面多汁

图3-2-5　猪蓝耳病
母猪气喘，无乳，死胎

图3-2-6　猪蓝耳病
高致病性仔猪死亡率极高

图3-2-7 猪蓝耳病
肺脏呈红褐花斑状，不塌陷

图3-2-8 猪蓝耳病
多是后期流产、死胎

（四）误诊分析与讨论

虽然猪弓形虫病与猪蓝耳病临床表现有相近之处，但希望大家注意以下几点：①临床特征：弓形虫病可感染多种动物和人，而蓝耳病只感染猪；②流产率：弓形虫病发病率、流产率明显低于蓝耳病；③剖检眼观病变：猪弓形虫病患猪肺淤血水肿、有光泽，小叶间质增宽，肺表面散在灰白色栗粒大坏死灶，胸腔积黄色透明液，而蓝耳病患猪肺脏呈红褐花斑状，不塌陷；④磺胺类药物治疗弓形虫有特效，而对蓝耳病无效。

近几年哺乳仔猪弓性虫病的发生率逐年上升，但是发病的临床症状，一般较急性病例，死亡快、死亡率高，大多没有皮肤（耳、胸、腹下和四肢）发绀现象，因此说皮肤是否有淤血，不能证明是否本病，只能参考，并不是特征症状。因实践中皮肤不淤血的现象常见，特别是较急性病例的哺乳仔猪，直到死后大多也都不出现皮肤等处淤血现象。个别兽医以及养殖户一旦发现猪患病，首先想到病毒或细菌性传染病，对寄生虫病不重视，也是弓形虫病误诊率逐年升高的原因所在。因以上种种原因，使得这种本来很好治疗的疾病复杂化。不能正确诊断，出现高死亡率，造成不必要的经济损失。

（五）实验室鉴别诊断

对于弓形虫病的实验室鉴别诊断，在"第三章，一、猪弓形虫病误诊为猪传染性接触性胸膜肺炎"中已有说明，此处不再赘述。

对于猪蓝耳病的实验室鉴别诊断在"第二章，一、仔猪副伤寒误诊为猪蓝耳病"中已有说明，此处不再赘述。

三、仔猪球虫病误诊为仔猪黄痢

（一）误诊原因及案例

仔猪球虫病误诊为仔猪黄痢的主要原因是：①二者均是哺乳仔猪容易感染，且患猪粪便颜色均是黄色；②发病后二者均表现水样腹泻、脱水、消瘦和衰弱。

案例： 2009年8月，某户打来电话说，饲养的仔猪发生黄色下痢，曾用环丙沙星、庆大霉素等药物治疗3天，均无效果，以前发生黄痢用这些药物治疗效果都挺好，今天还有1头严重病例死亡，请求出诊。

临床症状： 仔猪排黄色、褐色不等，水状、糊状粪便，糊状粪便黏稠，并闻到酸奶气味。询问养殖户仔猪日龄，得知已经是12天的仔猪，13头仔猪中，有8头发病。最早发病几头仔猪，明显消瘦、毛长；刚发病仔猪，看不出脱水症状，但可见上眼睑轻度肿胀。

病理变化： 内脏实质器官无明显肉眼病变，小肠黏膜出血，并附有纤维素性坏死假膜。

实验室诊断： 直接刮取空肠和回肠的黏膜，制成抹片染色。在显微镜下，找到大量内生发育阶段的虫体（裂殖子、裂殖体和配子体）。也可用饱和盐水漂浮法检查粪便中的球虫卵囊。

根据以上临床症状、剖检和实验室诊断情况，确诊为球虫病，结果用抗球虫药物连用2天即有明显效果。

预防：建议养殖户选用酚类，如来苏儿5%的溶液消毒；对产房地面及用具冲洗和火焰消毒，确保产房彻底干燥；并对排泄物采用堆积发酵或化学方法进行无害化处理。

治疗：百球清(5%三嗪酮)口服，每千克体重20毫克，大多仔猪用药一次即可。另外，治疗球虫药物较多，主要包括盐霉素、莫能菌素、百球清、氨丙啉、三字球虫粉、磺胺喹恶啉，马杜拉霉素等药物，可根据药物药理和毒理酌情选用。

（二）误诊鉴别表

病名	流行情况	临床症状	剖检变化	药物治疗
仔猪球虫病	主要侵害6～21日龄猪，常在8～15日龄发病，故有"10日泄"之说	腹泻从糊状粪便开始，2～3天后转为水样，常呈黄色或灰白色，黏稠至水样，但无血便，有强烈的酸奶味；病猪身体虚弱，消瘦，生长迟缓	病灶在空肠和回肠，局灶性溃疡，纤维素性坏死	抗球虫药物有效
仔猪黄痢	第1胎母猪产仔或环境卫生差的发病率高，主要侵害1周内仔猪	排黄色稀粪，内含凝乳小片，排粪失禁，脱水消瘦，衰弱死亡	主要病变是胃肠卡他，肠壁变薄，松弛充气，尤以十二指肠最为严重，发生充血、出血和急性卡他性炎症；肠系膜淋巴结肿大；心、肝、肾变性	抗生素、磺胺类药物均有效

（三）误诊实图解析

误诊实图详见图3-3-1至图3-3-8。

图3-3-1　仔猪球虫猪
初期眼睑轻肿

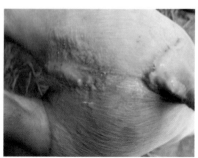

图3-3-2　仔猪球虫猪
粪便颜色不定，但有酸奶味

图3-3-3　仔猪球虫病
重病的可因脱水而死亡

图3-3-4　仔猪球虫病
肠黏膜出血并覆假膜

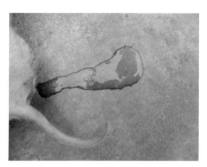

图3-3-5　仔猪黄痢
排黄色水样粪便

图3-3-6　仔猪黄痢
排糊状粪便

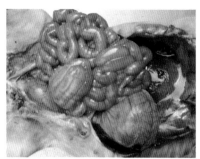

图3-3-7　仔猪黄痢　　　　　　　图3-3-8　仔猪黄痢
肠壁变薄，松弛，黄色　　　　　　肠卡他，有黄色内容物

（四）误诊分析与讨论

仔猪球虫病误诊为仔猪黄痢有时候仅从粪便颜色确实容易误诊，不过抓住各自不同特点还是可以区分开来的：①仔猪球虫病主要感染6日龄以上仔猪，而仔猪黄痢主要感染7日龄内的仔猪，甚至是3日龄以下仔猪；②初产母猪所产仔猪，仔猪黄痢的发病率最为严重；③仔猪球虫病温暖潮湿环境多发；④仔猪球虫病患猪肠黏膜出血并覆假膜，仔猪黄痢患猪肠卡他性炎症和黄色内容物，黏膜表面无假膜。

猪球虫病是由等孢属球虫和某些艾美耳属球虫寄生于哺乳期及新近断奶仔猪的小肠上皮细胞所引起的以腹泻为主要临床症状的原虫病，以8～15日龄多发，此病又称"10日泄"。在成年猪群，虽有球虫寄生，但一般不引起临床表现，多呈带虫现象，而成为本病的传染源。尤其是母猪带虫，常引起一窝仔猪同时或先后发病，或引起死亡，引起较大的经济损失。近年来，该病在欧洲、美洲、大洋洲、东南亚国家和地区流行严重，引起了兽医寄生虫学者的充分关注，在病原学、流行病学、免疫学等方面的研究取得了不少进展。

从以上案例看，该养殖户用抗生素药物，连用3天无明显疗效，且已用两种抗生素，就应该考虑是否有球虫感染了。一般情况下，6～14日龄仔猪的腹泻,抗生素治疗无效，且又不出现像轮状病毒腹泻时的呕吐,就应该考虑是否患有仔猪球虫病。有些养殖（场）户对于6～14日龄的仔猪腹泻，在应用两次抗生素无效时，不作进一步的诊断，反而一味地更换或加大抗生素用量，造成仔猪药物中毒，产生免疫抑制，使成活率反而降低。

（五）实验室鉴别诊断

采集发病猪的新鲜粪便，采用饱和盐水漂浮法或离心法集虫镜检，或刮取病变肠黏膜涂片镜检，可见球型和亚球型卵囊，囊壁光滑，无卵膜孔、卵囊余体和极粒，其内部的球形孢子囊（椭圆形，有孢子囊余体）占据卵囊的绝大部分，且偏于一侧。

仔猪黄痢的病原为致病性大肠杆菌，革兰氏阴性的短杆菌，大小0.5～1.5微米。周身鞭毛，能运动，无芽孢。在普通培养基上即可生长，能发酵多种糖类产酸、产气。

第四章
霉菌毒素中毒及食盐中毒的误诊

一、霉菌毒素中毒误诊为猪附红细胞体病

（一）误诊原因及案例

霉菌毒素中毒误诊为猪附红细胞体病原因是：①近几年血虫病（附红细胞体病）被炒得沸沸扬扬，皮肤发红就是"红皮病"（附红细胞体病）；②二种病患猪毛孔均出现渗出物；③二种病患猪均表现皮肤黏膜、浆膜以及内脏器官出血、黄染，黄尿和血尿。诊断时确实难于区别。

案例： 2013年5月，猪价下跌，为了节约饲料成本，某户以低于20%的市场价购进了因贮存不当而发霉的玉米，且这些玉米肉眼能看到明显的霉变，将玉米粉碎后掺入饲料中喂猪，15天左右，母猪开始出现食欲下降、贫血、黄疸黏膜黄染。该户怀疑是附红细胞体病，用土霉素注射液，1天1次，连用3天无效，发病情况继续恶化。要求笔者会诊。

临床症状： 病猪起卧困难，精神沉郁，呆立，眼、鼻周围皮肤发红，眼角有棕红色分泌物，粪便干燥，结膜发黄等，到后期拒食。

据该养殖户讲，该猪最近喜欢吃青草、青菜，喜欢饮水，有时还见呕吐。根据以上情况怀疑是霉菌毒素中毒。对饲料进行霉菌分离培养，测定饲料中毒素含量严重超标。根据饲喂霉变饲料15天左右、实验室检验，结合以上所见，诊断为霉菌毒素中毒。

（二）误诊鉴别表

病名	流行情况	临床症状	剖检变化	药物治疗
霉菌毒素中毒	猪中毒是由于发霉的饲料所致，一般是群发	贫血、苍白或黄染；皮肤油脂状渗出；红眼，红色眼露，后躯麻痹，走路摇晃；采食旺盛猪发病	肝淡褐色或陶土色，进而坚硬；浆膜下层和黏膜黄疸；胆囊肿大或萎缩，胆汁浓稠、呈油状；严重的在肺部、肝部、胃底部、盲肠处出现明显的霉斑	制霉菌素有效
猪附红细胞体病	各日龄猪均可发病，架子猪多见，母猪可通过胎盘垂直传播，精液也可传播	皮肤红紫，可连成一片，成为"红皮猪"，毛孔渗血；后出现贫血，黄疸，有的肛门、鼻、眼周围发青；出现黄尿、血尿	血稀色淡、凝固不良；胸、腹和心包腔积水，心肌苍白松弛；肝肿黄棕色；胆囊膨胀，充满浓稠明胶样胆汁；脾肿呈暗黑色	四环素药物有效

（三）误诊实图解析

误诊实图详见图4-1-1至图4-1-8。

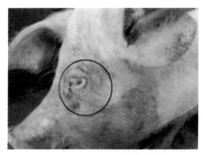

图4-1-1　霉菌毒素中毒
红眼和红色眼露

图4-1-2　霉菌毒素中毒
皮肤油脂溢出

图4-1-3　霉菌毒素中毒
走路后躯摇摆

图4-1-4　霉菌毒素中毒
肝黄凹凸，胆囊萎缩

图4-1-5　猪附红细胞体病
眼周围、肛门青紫色

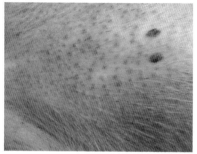

图4-1-6　猪附红细胞体病
腹部皮下淤血点

图4-1-7　猪附红细胞体病
脾脏肿大

图4-1-8　猪附红细胞体病
肺出血点

（四）误诊分析与讨论

霉菌毒素中毒误诊为猪附红细胞体病虽然有较多原因，但是诊断时都没有抓到二者不同的特点：①霉菌毒素中毒必须有采食被霉菌污染的食物可查，而猪附红细胞体病夏季高发；②霉菌毒素中毒患猪皮肤油脂状渗出，而猪附红细胞体病患猪毛孔渗血；③霉菌毒素中毒采食旺盛猪发病；④霉菌毒素中毒患猪红眼和红色眼露，而猪附红细胞体病患猪眼周围紫灰色；⑤剖检患猪肺均见黄染，但霉菌毒素中毒患猪肝表面可见凹凸不平，肝脏质地也比猪附红细胞体病患猪较硬；另外，药物治疗时，四环素类药物对附红细胞体病有明显疗效，而对霉菌毒素中毒无效。

黄曲霉菌是广泛存在于自然界中的一类真核生物。据相关资料报道，目前发现的霉菌种类超过10万种，各类霉菌侵染各种作物并在适当的温湿度下大量生长繁殖，产生毒素。其中不少毒素的毒性极强，如黄曲霉毒素中的B_1毒素。据有关资料显示，其毒性相当于氢化钾的10倍、砒霜的68倍。当生猪采食了被这些霉菌毒素污染的饲料时，就会出现中毒，轻则使各类猪只生长发育迟缓，有繁殖障碍，抗病力下降，肝脏组织受到破坏并诱发多种疾病发生等；严重时引起猪的直接死亡，给养猪业带来巨大的经济损失。

综上所述，霉菌毒素中毒的危害是严重的，它不但可作为一种独立的疾病侵害猪只，又可作为一种"打底病"继发或并发其他疾病，对猪病的诊断和治疗带来一定的困难。及时正确诊断霉菌毒素中毒，对减少霉菌毒素对养猪业造成的损失是必要的。本案例误诊主要也是没有全面系统分析病因，受"血虫病"（附红细胞体）风暴的席卷，跟风炒作所致。

（五）实验室鉴别诊断

对于霉菌毒素中毒，应对饲料进行霉菌分离培养，测定饲料中毒素含量并进行毒素鉴定。

病的实验室鉴别诊断在"第二章，十二、乳猪附红细胞体病误诊为仔猪黄痢"中已有说明，此处不再赘述。

二、赤霉素中毒误诊为母猪发情

（一）误诊原因及案例

赤霉素中毒误诊为发情前些年非常常见：①临床上赤霉烯酮中毒与发情母猪外阴均红肿；②猪只精神轻度兴奋、食欲轻度下降；③有时阴门均可见分泌物。

案例： 2010年9月，一养殖户饲养的一圈60千克重的猪发生一种以减食、外阴红肿为特征的临床表现。该养殖户以为是猪发情，没有理会。10天后猪只症状仍如此，且个别猪只出现阴道外翻。因以前没有养过猪，春天在自家庭院临时建了4间圈舍，2个月前刚购回12头仔猪，对养猪还是外行。于是再问问其他养殖户"猪外阴红肿是怎么回事"，另一养殖户也说是"发情"。呀！发情持续期还挺长。又过了几天，该养殖户找来公猪给自家母猪配种。可是母猪不配合，对爬跨反感，同时发现有个别猪只阴道几近脱出。于是打来电话咨询。笔者经过询问后，基本断定是赤霉菌素中毒：①是否有鸣叫，对周围环境的变化及声音十分敏感，并张望，答"无"；②是否有爬圈或爬跨同圈其他母猪的行为，答"无"。③是否出现压背时静立不动，耳部微颤，答"无"。④去势公猪可有包皮水肿和乳腺肥大，答"有"。⑤最早发病的猪是否是食欲最旺盛的，答："是"。

（二）误诊鉴别表

病名	流行情况	临床症状	剖检变化	药物治疗
赤霉素中毒	主要侵害3～5月龄猪，此毒素与雌激素有类似的作用，猪食后出现雌激素综合征和雌激素亢进症	性未成熟母猪，外阴肿胀，乳腺增生，子宫或肛门脱出；公猪和去势公猪睾丸萎缩，包皮和乳头肿大；不像性成熟母猪发情、外应红肿具周期性	子宫内膜和子宫肌层细胞增生	制霉素、维生素C、维生素E等有效

病名	流行情况	临床症状	剖检变化	药物治疗
母猪发情	性成熟的雌性哺乳动物在特定季节表现的生殖周期现象，在生理上表现为排卵，准备受精和怀孕，在行为上表现为吸引和接纳异性	食欲减退甚至废绝，鸣叫；外阴肿，排黏液；进而阴唇松弛，闭合不全，阴唇颜色变为暗红，黏液量少且黏稠，爬圈；压背时静立不动，耳部微颤		

（三）误诊实图解析

误诊实图详见图4-2-1至图4-2-8。

图4-2-1 赤霉素中毒
阉割后阴门仍红肿

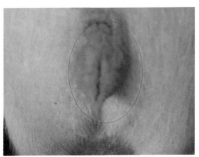

图4-2-2 赤霉素中毒
保育猪外阴红肿

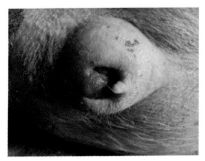

图4-2-3 赤霉素中毒
子宫或肛门脱出

图4-2-4 赤霉素中毒
去势公猪包皮和乳头肿大

图4-2-5　母猪发情
鸣叫，向有声音的方向张望

图4-2-6　母猪发情
有爬圈行为

图4-2-7　母猪发情
压背呆立不动，双耳颤抖

图4-2-8　母猪发情
翘尾，后期阴门流黏液

（四）误诊分析与讨论

　　赤霉素中毒误诊为母猪发情是一种较常见现象，因外阴红肿是多种动物发情表现，这已经在人们心目中形成定式。然而，除了外阴红肿外，二者不同表现颇多：①赤霉素中毒是性未成熟的小母猪阴唇红肿，而发情表现只发生在性成熟猪；②赤霉素中毒患猪乳房隆起，乳头肿大、发红，但一般不出现压背呆立不动、双耳颤抖现象；③赤霉素中毒患猪除了阴唇红肿外还见部分阴道脱出，这种表现不具周期性；④去势小公猪也见包皮肿大，乳房隆起，乳头肿大；⑤发情母猪有爬圈行为并鸣叫，向有声音的方向张望，这是赤霉素中毒不具备的。

　　玉米赤霉烯酮又称F-2毒素，它首先从有赤霉病的玉米中分离得到。玉米赤霉烯酮产毒菌主要是镰刀菌属的菌株，如禾谷镰刀菌和三线镰刀菌。玉米赤霉烯酮主要污染玉米、小麦、大米、大麦、小米和燕麦等谷物。其中玉米的阳性检出率为45%，最高含毒量可达到每千克2 909毫克；小麦的检出率为20%，含毒量为每千克0.364 ~ 11.05毫克。玉米赤霉烯酮的耐热性较强，110℃下处理1小时才被完全破坏。玉米赤霉烯酮具有雌激素样作用，能造成动物急慢性中毒，引起动物繁殖机能异常甚至死亡，可给猪场造成巨大经济损失。玉米赤霉烯酮主要作用于生殖系统，可使家畜、家禽和实验小鼠产生雌性激素亢进症。妊娠期的动物(包括人)食用含玉米赤霉烯酮的食物可引起流产、死胎和畸胎。食用含赤霉病麦面粉制作的各种面食也可引起中枢神经系统的中毒症状，如恶心、发冷、头痛、神智抑郁和共济失调等。因此，对该病要引起足够的重视。诊断时要综合考虑，做到及时正确的诊断。本案例主要是从外阴红肿这一症状就下结论，过于武断。

（五）实验室鉴别诊断

对于赤霉菌素中毒，可直观检查，如饲料呈皱瘪状，有明显霉点。随机采样镜检，可见饲料中含有镰刀形赤霉菌分生孢子。

三、钱癣误诊为玫瑰糠疹

（一）误诊原因及案例

钱癣与玫瑰糠疹从外观上的确相似：①二者均有丘疹；②均表现结痂或鳞屑；③病变部位边缘均呈高出于皮肤表面的环状。

案例：2011年8月5日，某猪场发生一种以猪皮肤出现癣斑为特征的疾病。猪场技术人员根据症状诊断为玫瑰糠疹，认为该病发病率很低，并未引起重视。随后的几天里，发病率快速增加，传播较快，随后请求会诊。

临床症状：该猪场总共有16栋猪舍，其中1栋是新建全封闭猪舍。因保育猪舍密度过大，无奈将部分猪只分到新建猪舍。新建猪舍中间是过道，两边是猪栏，共计有20间猪栏，地面混凝土结构。好像还没有完全凝固，地面潮湿相当严重；同时能嗅到霉味，环境极其恶劣。20间栏舍已有14间放入仔猪，而每栏舍猪几乎都有或多或少发病猪。更让人不可思议的是，另外的6间空舍已经长满霉菌菌落。发病猪皮肤癣斑呈圆形或多环形，也有的是丘疹状，在四周有丘疹、水疱、结痂或鳞屑组成的高出于皮面的环状边缘，多发生于面、颈、躯干和四肢等处。

根据以上临床症状初步怀疑是钱癣。取鳞屑直接镜检见菌丝，真菌培养呈阳性，确诊为钱癣。

防治： ①保持猪舍干燥、清洁、卫生，不用霉变垫料；②用对真菌有效的消毒剂进行严格消毒，如0.3%过氧乙酸溶液，带猪消毒，每天1次，连续1周。

治疗： 一般不建议采取长时间投药治疗，因轻症病例大多可自然康复；严重病例每千克体重用灰黄霉素10毫克口服，每天2次，连用1周；也可外用抗真菌软膏制剂涂擦患病；10%水杨酸酒精或油膏或5%～10%硫酸铜溶液，每天或隔天涂敷直至痊愈。另外，也可以用克霉唑癣水、制霉素等药物治疗。

（二）误诊鉴别表

病名	流行情况	临床症状	剖检变化	药物治疗
钱癣	温暖潮湿的环境，由霉菌引起	初为小丘疹，逐渐外扩，圆形或多环形，无特殊性排列，在四周有丘疹、水疱、结痂或鳞屑组成的高出于皮面的环状边缘，多发于面、颈、躯干和四肢等	同症状	抗真菌药物有效

（续）

病名	流行情况	临床症状	剖检变化	药物治疗
玫瑰糠疹	发病部位多见于躯干和四肢近端，可能与遗传有关。	腹部或大腿内侧、腋窝等处，中央部出现痂性皮损，常对称分布，呈椭圆形玫瑰色斑片、中间有细碎的鳞屑；其皮损长轴与皮纹一致，对称性	同症状	无特效治疗药物

（三）误诊实图解析

误诊实图详见图4-3-1至图4-3-8。

图4-3-1　钱癣
似烟蒂灼烧印记

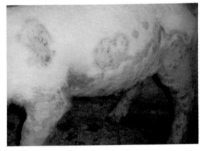

图4-3-2　钱癣
环状、多环状，不规则排列

图4-3-3　钱癣
圆形癣斑可遍及各个部位

图4-3-4　钱癣
暖湿环境易发

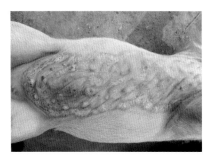

图4-3-5　玫瑰疹
主要在腹部、腋窝

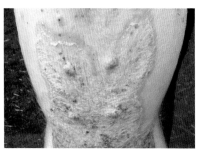

图4-3-6　玫瑰疹
玫瑰色对称性皮损

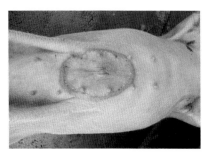

图4-3-7　玫瑰疹
椭圆形疹环

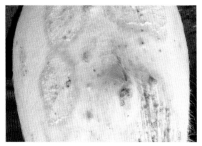

图4-3-8　玫瑰疹
中央部位出现结痂性损害

（四）误诊分析与讨论

该病被误诊主要是临床上患猪皮疹变化比较接近，皮肤霉菌病是由多种皮肤霉菌引起的人、畜、禽共患的皮肤传染病。注意几点：①猪玫瑰糠疹不具传染性，与遗传性有关；

钱癣属霉菌具传染性，一般只要铺垫被霉菌污染的垫草就很容易感染；②钱癣圆形，无序排列；玫瑰糠疹椭圆形，有序（对称性）排列；③钱癣发病部位广泛，主要见于头、颈、躯干、四肢，也见于腹下；玫瑰糠疹主要见于腹下、腋窝以及四肢近端；④霉变垫料、湿热环境易诱发钱癣。只要我们注意以上几个几点，误诊现象就很难发生了。

钱癣病是由多种皮肤霉菌引起的人、畜、禽共患的皮肤传染病，又称皮肤真菌病、表面真菌病、小孢子菌病等。本病分布于世界各地。对猪主要引起被毛、皮肤、蹄等角质化组织的损害，形成癣斑，表现为脱毛、脱屑炎性渗出、痂块及痒感等特征性症状，俗称钱癣、脱毛癣、秃毛癣、匐行疹等。各种日龄段的猪群均可受到侵害。本病例误诊是没能考虑环境的恶劣（空闲圈舍长满霉菌菌落）情况这一诱因所致。

（五）实验室鉴别诊断

钱癣的病原为半知菌亚门发癣菌属和小孢霉菌属内的霉菌，发癣菌是主要病原。取病变部位的皮屑、癣痂、被毛或渗出物少许，置玻片上，滴加10%的氢氧化钾1滴，盖上盖玻片，镜检可见到分枝的菌丝体及各种孢子。若为发癣菌感霉菌感染者，菌丝体和小分生孢子沉着于毛根和毛干部生长，并镶嵌成厚屑，孢子不侵入毛干内。或先将病料用70%酒精或2%石炭酸浸渍数分钟，再用无菌生理盐水冲洗，然后接种沙氏琼脂上，置25℃培养2～3周，观察菌落的生长速度、形态结构及色泽，染色镜检菌丝和孢子的形态结构。也可将病料作皮肤擦伤接种豚鼠和家兔，阳性者经7～8天局部出现炎症反应。

四、食盐中毒误诊为链球菌性脑膜炎

（一）误诊原因及案例

食盐中毒误诊为链球菌性脑膜炎的原因：①均表现抽搐、空嚼、磨牙；②均有盲目走动、转圈症状。

案例：2010年10月，某户饲养的两圈架子猪，发生一种以癫痫样神经症状为主要特征的疾病。该户找到笔者说："前几天有1头猪磨牙，流口水，步态不稳，转圈运动。可能是链球菌性脑膜炎，用青霉素治疗几天也无效，最后死了，那猪还大，死得可惜。现在又有2头猪发病，我不敢乱用药了，你给我拿点药吧？"。笔者简单询问了一下体温，养殖户答说体温发热，而且烧得还不轻！根据养殖户反映情况，笔者也怀疑可能是链球菌性脑膜炎，随后对养殖户说"可能是猪链球菌性脑膜炎，青霉素可能没有穿过血脑屏障，用磺胺嘧啶钠注射液治疗试试"。养殖户采用磺胺药治疗2天后，又来找笔者说"打了针以后不但不减轻，反而更重"。于是笔者前去养殖户家。该养殖户是在自家庭院东西两侧依托院墙建造的开放式简陋猪舍。为了节约成本，该养殖户以厂矿企业食堂或饭店下脚料、残羹剩饭为主要饲料饲喂猪只。庭院中酸臭难闻，方便筷、方便袋堆积在一个房间内，也有部分摊在庭院中。

临床症状：发病猪均约30千克，轻症者口渴，饮水频繁，空嚼；重症者流涎，头碰撞物体，步态不稳，转圈运动，呈间歇性癫痫样神经症状。其中2头病猪测量体温，分别为36.8℃和38℃（当笔者询问养殖户为什么说"烧得还不轻"时，养殖户说"我看猪哆嗦，肯定是高烧烧的，没量体温）。皮肤黏膜发绀。查看食槽发现大量的切成细条的咸菜。原来本地拉面馆、米线、炒面馆等一般都有免费咸菜供应。顾客走后，店员会把剩余咸菜倒入桶中。养殖户就是把这种含有较多咸菜的残羹剩饭运回后饲喂猪只。由于个体较大猪贪食，其他猪采食完后，沉在饲槽底部的咸菜被贪食猪采食，故发病猪均是个体大、食欲旺盛的猪只。据此诊断为食盐中毒。

预防：对尚未发病或仅见口渴明显，无其他临床表现的猪只，给以含10%葡萄糖的水溶液，让其自由饮水，同时更换饲料。

治疗：建议养殖户立即停喂残羹剩饭，对严重病例立即用5%溴化钾20毫升静脉注射，以缓解患猪的兴奋和痉挛并排除体内蓄积的氯离子；或用50%葡萄糖液静脉注射，以缓解脑水肿，降低颅内压。

采取以上措施，及时阻止了本病的发生。1周回访时最严重1头死亡，其他猪陆续康复。

（二）误诊鉴别表

病名	流行情况	临床症状	剖检变化	药物治疗
食盐中毒	采食盐分多，如泔水、腌菜水、饭店残羹或酱渣、配料误加或混不匀等	食少，口渴，咀嚼流涎，头碰撞物体，步态不稳，转圈运动；犬坐姿势；张口呼吸，间歇性癫痫样神经症状；皮肤黏膜发绀，常在昏迷中死亡	胃肠黏膜充血、出血、水肿，呈卡他性和出血性炎症，并有小点溃疡；全身组织及器官水肿，体腔及心包积水，脑水肿、软化或早期坏死	溴化钾、葡萄糖有效
链球菌性脑膜炎	病猪和带菌猪为传染源，经呼吸道和伤口传播；四季均发。发病率和死亡率高，地方流行性	体温高至40.5～42.5℃，浆液性和黏性鼻液，盲目走动、转圈、空嚼磨牙、仰卧，后躯麻痹，侧卧四肢游泳状。慢性关节炎	脑膜充血、出血，严重者溢血，少数脑膜下充满积液，脑切面可见白质和灰质有明显的小点出血，其他与败血型变化相似	抗生素、磺胺类药物均有效

（三）误诊实图解析

误诊实图详见图4-4-1至图4-4-8。

图4-4-1　食盐中毒
捞出方便筷直接饲喂

图4-2-2　食盐中毒
头抵墙，皮肤发绀

图4-4-3　食盐中毒
常在昏迷中死亡

图4-4-4　食盐中毒
间歇性癫痫样神经症状

图4-4-5　链球菌性脑膜炎
游泳状划动

图4-4-6　链球菌性脑膜炎
痉挛抽搐

图4-4-7　链球菌性脑膜炎
脑膜炎　出血、充血

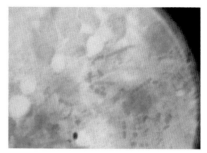

图4-4-8　链球菌性脑膜炎
脾脏抹片染色镜检

（四）误诊分析与讨论

食盐中毒与链球菌性脑膜炎的不同之处在于：①食盐中毒有病史可查；②二者虽然都具有神经症状，但食盐中毒无传染性，不同栏舍采食其他饲料的猪不发病；③链球菌性脑膜炎患猪体温高至40.5～42.5℃，流浆液性和黏性鼻液，且具有传染性；④剖检：食盐中毒的明显变化是组织器官也可能出血，但以水肿，特别是脑水肿为特征；而链球菌性脑膜炎则以内脏器官出血，特别是脑出血，一般不水肿。

食盐为畜禽饲料中的组成部分，对维持机体起到很大作用，是有机体不可缺少的物质；但如饲喂不当或过多，则易发生中毒，以神经症状和消化紊乱为临床特征。猪吃了咸鱼、肉、酱渣，含盐量高劣质鱼粉、饭店残羹剩饭等，如果食盐摄入量超过每千克体重2.2克，就有中毒的危险性。一般一次食入100～250克，就能将猪致死。本案例误诊原因是：①链球菌性脑膜炎比较常见，养殖户怀疑该病不足为奇；②根据养殖户陈述，笔者没能仔细分析和询问，初期也考虑中毒（因采食旺盛猪发病），但后来养殖户说"烧得还不轻"使笔者注意力转移，造成二次误诊。因此，作为兽医，一定要仔细询问，注意倾听。有时养殖户叙述不清或前后矛盾，这点一定要注意。

（五）实验室鉴别诊断

对于食盐中毒，取发病猪的血清、肝和脑等组织采用$AgNO_3$滴定法测定NaCl含量。对于链球菌性脑膜炎，采集发病猪的血液、脑脊液或心、肝、肺等实质器官，进行涂片染色镜检，可见蓝紫色链球状革兰氏阳性细菌。也可将病料接种于培养基，观察菌落形态并结合生化试验进行综合判定。

第五章

营养代谢类疾病及其他疾病的误诊

一、仔猪缺铁性贫血误诊为仔猪白肌病

（一）误诊原因及案例

仔猪缺铁性贫血与白肌病误诊主要原因是：①两种病20日龄左右仔猪均易发生；②均有呼吸困难症状；③均有导致患猪突然死亡的情况；④体温都不高；⑤剖检均有肌肉色泽改变，白色、灰白色变化。

案例：2003年4月，某户饲养的一窝20日龄仔猪，发生一种以皮肤苍白、呼吸困难的疾病。该户误把贫血当作白肌病，用亚硝酸钠维生素E注射液对全窝仔猪注射，每头1毫升，连用2次。3天后不但症状没有减轻，反而病情继续恶化，随后要求笔者出诊。

临床症状：该户所建猪舍是半开放式，共有15间。饲养母猪5头，其中孕猪4头，发病猪是其中1头生产母猪。见患病仔猪精神沉郁，被毛粗乱无光泽，皮肤苍白，皱缩。呼吸困难，有的腹泻。抓捕其中1头患病仔猪，手感绵软无弹性，叫声无力。仔细观察见黏膜苍白。

病理变化：血液稀薄如水，肝脏肿大，呈淡黄色，肝实质少量淤血；腹水腔积液；肌肉苍白，心脏扩张，心肌松弛，初步诊断为仔猪缺铁性贫血。

治疗：肌内注射右旋糖酐铁2毫升（每毫升含铁50毫克），间隔5天又注射1次。10天后回访，虽然整窝仔猪大小仍参差不齐，但见精神尚好，皮肤红润。

（二）误诊鉴别表

病名	流行情况	临床症状	剖检变化	药物治疗
仔猪缺铁性贫血	为血红蛋白含量降低、红细胞数量减少、皮肤黏膜苍白，生长受阻；2~4周龄仔猪最易患病	皮肤苍白，皱缩，可视黏膜苍白、呼吸困难，脉搏加快；有时发生腹泻、消瘦，有时可突然发生死亡；也有的病猪瘫痪，眼睑、头部水肿	血液稀薄，全身轻度或中度水肿；肝脏肿大，呈淡黄色，肝实质少量淤血肌肉苍白，心脏扩张，心肌松弛	补充铁剂
仔猪白肌病	影响猪的生长、发育及繁殖性能，且会增加发病率及死亡率；仔猪水肿病可能也与该病有关	多感染20日龄仔猪，急性患猪呼吸迫促，常突然死亡，慢性患猪出现运动障碍	营养性肌肉色淡，呈灰白色条纹心包积水，心肌色淡	亚硒酸钠维生素E注射液有效

（三）误诊实图解析

误诊实图详见图5-1-1至图5-1-8。

图5-1-1 仔猪缺铁性贫血
黏膜苍白

图5-1-2 仔猪缺铁性贫血
血液稀薄

图5-1-3　仔猪缺铁性贫血
病猪瘦弱

图5-1-4　仔猪缺铁性贫血
肝脏肿胀

图5-1-5　仔猪白肌病
病猪多膘情好

图5-1-6　仔猪白肌病
肝坏死

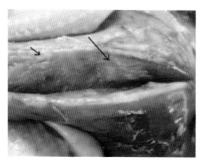

图5-1-7　仔猪白肌病
心肌坏死条纹

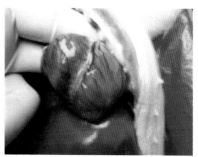

图5-1-8　仔猪白肌病
心肌出血

（四）误诊分析与讨论

临床症状多相似，鉴别方法也不少；撇下相同的表现，仔细检查可以看到：①仔猪缺铁性贫血患猪瘦弱，被毛粗乱无光泽，皮肤苍白，皱缩；而白肌病患病仔猪一般营养良好，在同窝仔猪中身体健壮而突然发病；②虽然都有呼吸道症状，但缺铁性贫血患猪呼吸困难（呼吸深），而白肌病患猪呼吸促迫（呼吸浅）；③虽然患猪肌肉颜色均发白，但缺铁性贫血患猪皮肤和肌肉均苍白；而白肌病患猪虽然肌肉发白似煮过，但皮肤有时发绀，特别是耳部发绀较常见；④剖检：缺铁性贫血患猪肝脏肿大无坏死，而白肌病患猪肝脏典型豆腐渣状，另外从心肌、血液等方面也都可鉴别。虽然两病乍看上去一样，但仔细一看差别真不少。只要我们兽医技术人员，稍细心一些。抓住各病的特征，进行全面分析，误诊情况是很难出现的。

仔猪营养性贫血，是指哺乳仔猪特别是 2 ～ 4 周龄的仔猪缺铁所致的一种营养性贫血。本病虽然死亡率不高，容易治疗，但对猪的生长发育危害严重，特别是对出栏时的整齐度受到极大影响，一批猪可能分 2 ～ 3 次出栏。由于铁缺乏或需求量大而供应不足，影响仔猪体内血红蛋白的生成，红细胞的数量减少，因而发生缺铁性贫血。另外，在这里也特别强调，母猪及仔猪饲料中缺乏钴、铜、蛋白质等也可发生贫血，诊断时应注意。母猪的乳汁一般含铁量较低，新生仔猪生长发育迅速，对铁的需要量急剧增加。在最初数周，铁的日需量约为15毫克，而通过母乳摄取的铁量每日平均仅有1毫克，且新生仔猪体内存在的铁质也较少，因此仔猪发生缺铁性贫血较为常见。在一些饲养规模较大的猪场，多是水泥地面的猪舍，最容易发生仔猪缺铁性贫血症，通常发病率高达90%。仔猪发病主要集中在 2 ～ 4 周。本案例误诊主要是在猪病防治资料中，看到白肌病这种仔猪营养性疾病，误把贫血发病误诊为白肌病。

（五）实验室鉴别诊断

对于仔猪缺铁性贫血，采取病猪的血液作常规检查。发现血液稀薄，黏度降低，血凝缓慢；红细胞减少至每升 3×10^{12} 个，血红蛋白低于每毫升50毫克；红细胞着色浅，中央淡染区扩大；红细胞大小不均，而以小的居多，出现一定数量的梨形、半月形、镰刀形等异形，平均直径小于5微米（正常为6微米）。

对于仔猪白肌病，可采集病猪血液测定血硒含量与谷胱甘肽过氧化物酶活性。

二、白肌病误诊为猪蓝耳病

（一）误诊原因及案例

白肌病误诊为猪蓝耳病，乍听起来，好像风马牛不相干，觉得不可思议。然而，临床诊疗中，因养殖场（户）技术人员或兽医过于敷衍了事，此类误诊现象竟然真不少见。原因：①受"高热病"影响，营养性疾病早已被抛在脑后；②硒-VE缺乏症患猪确实有耳朵发绀表象；③二者均具有呼吸道症状。

案例：2008年1月，某养殖户携带2头约6千克的哺乳仔猪，到本站求诊。据养殖户反映，该窝仔猪共14头，现在已29日龄（本地仔猪一般在30日龄，即满月断奶）。从第18天开始，就有猪陆续发病，主要就是喘，粪便也没啥变化。请了几个兽医，用了不少抗生素，都没有好办法。自己也去药店买药，就是治不好。实在没辙了，要不也不跑那么远到这里来看。笔者问："其他兽医和你用药时，针对什么病去用药？"答："还用说么，都是管喘的药，有说气喘病的，有说胸闷肺炎、猪肺疫的。最后治疗不好，还死了几个。找谁也不愿意给看了，都说蓝耳病不好治。随后笔者让养殖户把2头病猪卸下来，发现其中1头已经死亡。

临床症状：病猪双耳蓝紫色，呼吸促迫，活动不自然，但膘情尚好，体温在37.6℃。

病理变化：肌肉松弛，颜色呈现灰色，煮肉状。心脏扩张，心肌松软，心外膜有灰黄色坏死灶。剖开心脏，内膜上有灰黄色顺肌纤维方向的坏死条纹。肝肿大、质脆易碎，切面可见豆腐渣状，肾脏表面有出血点。初步诊断为硒-VE缺乏症。有意思的是，当笔者说疑似硒-VE缺乏症时，该养殖户竟然说："老师你得好好给我的猪看看"。我不知他这话什么意思。他接着说："没听说过这个病名，你说的可能不对。我们那里兽医说的还沾边，胸闷肺炎、猪肺疫、气喘病以及蓝耳病，这些病都喘，就是治不好"。我耐心说，除了气喘病，这几种都有体温升高的表现，随问："你这些猪发病时，测体温没有？"他说："都测了，就是不发烧，有时还低呢！"。我说，对了，就体温来说就与这几种病不符了。看其还是犹豫，我又问他怎么办。养殖户无奈地说了一句："嗨，没办法兽医恨不得都找遍了，就试试吧？"我说你要真想试的话，别的什么药都不要用，反正你说以前用了不少药，现在就用亚硒酸钠，不管死活10天以后给我回话。

治疗：全窝仔猪（包括尚未发病猪）用0.1%亚硒酸钠VE注射液深部肌内注射，每头1毫升，间隔3天重复一次。10天后该养殖户打来电话说，发病猪均痊愈，未发病猪再无发病。

（二）误诊鉴别表

病名	流行情况	临床症状	剖检变化	药物治疗
猪蓝耳病	传播迅速，感染途径为呼吸道、患病公猪可通过精液传播；哺乳仔猪和妊娠猪最易感染，危害性最大	母猪厌食，部分打喷嚏、咳嗽；孕猪妊娠100～112天发生大批（20%～50%）流产、死胎，母猪分娩不顺，泌乳少；约2%病猪，耳尖、耳边呈蓝紫色，四肢末端和腹侧皮肤有红斑、阴门肿胀	肺红褐花斑状，不塌陷；淋巴结中度到重度肿大，呈褐色，肾脏肿大、淤血，有出血点；脾脏肿大	无特效治疗药物

（续）

病名	流行情况	临床症状	剖检变化	药物治疗
白肌病	影响猪的生长、发育及繁殖性能，且会增加发病率及死亡率，仔猪水肿病可能也与该病有关	多感染20日龄仔猪，急性患猪呼吸迫促，常突然死亡；慢性患猪出现运动障碍	营养性肌肉色淡，呈灰白色条纹心包积水，心肌色淡	亚硒酸钠维生素E注射液有效

（三）误诊实图解析

误诊实图详见图5-2-1至图5-2-8。

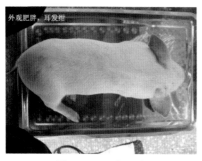

图5-2-1　白肌病
呼吸促迫，紫耳

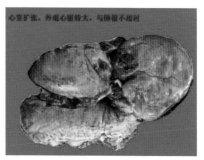

图5-2-2　白肌病
心肺比例不调

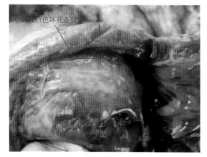

图5-2-3　白肌病
心肌坏死

图5-2-4　白肌病
豆腐渣肝

图5-2-5　猪蓝耳病

传播快，耳发绀

图5-2-6　猪蓝耳病

目光阴森

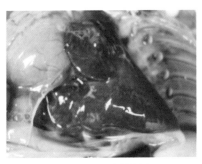

图5-2-7　猪蓝耳病

肺褐色，不塌陷

图5-2-8　猪蓝耳病

肾紫红，有血点

（四）误诊分析与讨论

　　两病临床上不同之处：①体温，该养殖户已经很细心，发现病猪首先是测量体温，但这种症状竟然未得到兽医重视；②虽然都有耳发绀现象，但蓝耳病等都据传染性，大小猪均发病，且母猪产死胎；③蓝耳病一般混合呼吸困难，高热，而白肌病呼吸促迫，体温正常或低；④蓝耳病患猪呈败血反应，内脏器官广泛出血，而白肌病患猪内脏器官多坏死。二者区别很多，其实不易误诊。只要我们有高度的责任心，这样的小错误基本不会犯。

说来好笑，确诊白肌病，养殖户因没听说过该病而不能接受，其他兽医说是蓝耳病、胸闷肺炎、猪肺疫和气喘病，养殖户虽然能接受，但猪就是治不好。说明我们技术推广没有做到位，应该感到惭愧。兽医在诊断时，往往只看表象，或当前流行什么病，就盲目跟进。因此，对于一些临诊表现相似的疾病在诊断时极易误诊。这种情况下，如何利用有限的疾病信息，进行科学分析、推断，显得尤为重要。在诊断该病时，有些兽医明明知道，用了很多抗生素药物无效，还是一味地调换抗生素，以为产生抗药性，就是不综合考虑。

白肌病是幼畜的一种以骨骼肌、心肌纤维以及肝组织发生变性、坏死为主要特征的疾病。因病变部位肌肉色淡，甚至苍白而得名。各种动物特别是幼畜、幼禽均可发生，山羊羔的发病率可达90％以上，死亡率也很高。我国的西北、华北、西南等地，特别是山区、丘陵地带都有本病的报道。个体营养良好与否均可发病，且常呈地方性发生。主要由于微量元素硒和维生素E的缺乏有关。在酸性土壤、多施粪肥的地区含硒量很少，造成仔猪获得的硒少。而硒在仔猪体内具有抗氧化的作用，能协助组织由血液摄入维生素E。而维生素E主要是维持肌肉的正常代谢，它的缺乏会引起仔猪出现一系列的病理症状，继而引起死亡。

硒是生物膜的组成部分，硒和维生素E都是动物体内的抗氧化剂，在保护膜不受损害上有重要的作用。缺乏时细胞或亚细胞结构的脂质膜破坏，机体在代谢中产生的内源性过氧化物引起细胞变性、坏死，从而发生白肌样病变，色泽变淡似煮肉样。

（五）实验室鉴别诊断

对于硒-VE缺乏症，采集病猪血液测定血硒含量与谷胱甘肽过氧化物酶活性。

对于猪蓝耳病的实验室鉴别诊断在"第二章，一、仔猪副伤寒误诊为猪蓝耳病"中已有说明，此处不再赘说。

三、仔猪低血糖病误诊为仔猪伪狂犬病

（一）误诊原因及案例

仔猪低血糖病和仔猪伪狂犬病，前者是营养代谢病，后者是病毒性传染病。这两种截然不同的疾病，在临床诊断中误诊现象却相当普遍，无论猪场技术人员或养猪户，这种误诊现象都有发生。主要原因是临床症状和剖检变化多处相似：①两病乳猪阶段都可发生；②都有神经症状，如共济失调、角弓反张、流涎；③两病都有腹泻症状；④剖检肾都有出血点；⑤两病抗生素治疗均无效。

案例： 2011年12月，某户饲养的一头母猪，一窝产下13头仔猪，产后第2天仔猪出现神经症状，角弓反张、游泳状划动和口流涎。该养殖户立即请当地兽医进行诊治，兽医诊断为仔猪伪狂犬病。注射疫苗紧急接种，同时，用抗伪狂犬血清进行治疗。第2天仍不见效果，并有3头死亡，于是要求笔者出诊。

临床症状： 哺乳母猪消瘦脱水，营养极差，精神沉郁，乳房萎缩不饱满，基本呈现无乳状态。有陌生人进入，并不警觉。剩余10头仔猪已经有3头出现抽搐、前腿划动、角弓反张和瞳孔散大等症状。最严重1头眼观已经死亡，但触之仍能划动几下腿，无力地张几下口，但无声音发出，呈昏迷状态。另2头发病较轻者心率徐缓、体温低、水样腹泻和虚弱。

病理变化： 胃空虚，乳糜管内无脂肪；肝呈橘黄色，边缘锐利；胆囊肿大，囊壁菲薄呈半透明；肾呈淡土黄色，有散在的红色出血点。病仔猪血糖降至2.3mol／L，确诊为仔猪低血糖病。

治疗： 立即更换现有以草面为主的饲料，给予营养丰富且平衡的全价母猪泌乳期饲料。同时对全部仔猪（含未发病）口服葡萄糖溶液，1天3次，连用3天，发病仔猪第1天每2小时1次。经过治疗，病重的一头当天死亡，其余很快好转并康复。

（二）误诊鉴别表

病名	流行情况	临床症状	剖检变化	药物治疗
仔猪低血糖症	母猪乳极少或无乳可致整窝发病；如猪多乳头少，可能个别发病	体虚，四肢无力，皮肤湿冷，共济失调，抽搐，胸卧或侧卧，角弓反张，空嚼，口腔有少量黏稠液体，昏迷而死	胃无食物，不见体脂，肌肉红木棕色	补充葡萄糖有特效
仔猪伪狂犬病	成年猪呈隐性感染，孕猪可导致流产、死胎、木乃伊胎和种猪不育等综合征候群；15日龄以内的仔猪发病死亡率可达100%，断奶仔猪发病率可达40%，死亡率20%左右	母猪流产、死胎、呕吐、喷嚏、咳嗽、便秘、轻微呼吸道症状；仔猪呼吸困难，呕吐，大量流涎，腹泻，共济失调，眼球震颤，间歇性抽搐，昏迷，年龄小的猪较严重	鼻黏膜和咽充血，肺水肿，坏死性扁桃体炎，肝和脾有1~2毫米的白色病灶，肾有出血点	无特效治疗药物

（三）误诊实图解析

误诊实图详见图5-3-1至图5-3-8。

图5-3-1　仔猪低血糖病
神经症状

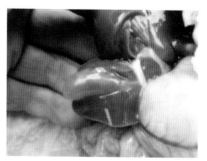

图5-3-2　仔猪低血糖病
胆囊半透明，胆汁稀

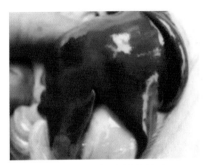

图5-3-3　仔猪低血糖病
肝脏边缘锐利

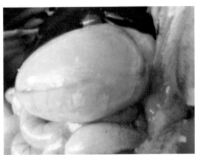

图5-3-4　仔猪低血糖病
胃空虚

图5-3-5　仔猪伪狂犬病
呕吐、流涎

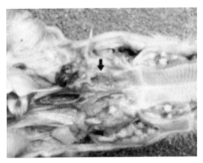

图5-3-6　仔猪伪狂犬病
扁桃体坏死

图5-3-7　仔猪伪狂犬病
肝灰白色坏死灶

图5-3-8　仔猪伪狂犬病
胃内含凝乳块

（四）误诊分析与讨论

临床症状多相似，鉴别方法也不少，视诊可能无用，触诊就可鉴别。撇下相同的神经症状，我们可以感知：①低血糖时母猪无乳或泌乳差；②伪狂犬病患猪虽然呕吐、流涎但体温升高，而低血糖病患猪体温低，皮肤湿冷；③剖检：低血糖病患猪肝脏边缘锐利，而伪狂犬病患猪肝灰白色坏死灶；④流涎：低血糖病患猪流涎量少且黏稠，伪狂犬病患猪流涎量大，泡沫状（酷似刷牙）。造成两种疾病误诊是只重视传染病缺乏而对营养性疾病的认识，一个是病毒性传染病，一个是营养缺乏性疾病，本病误诊就意味着绝对误治。

仔猪低糖血症是仔猪在出生后最初几天内因饥饿致体内贮备的糖原耗竭而引起的一种营养代谢病，又称乳猪病或憔悴猪病。本病的特征是血糖显著降低，血液非蛋白氮含量明显增多，临诊上呈现迟钝、虚弱、惊厥、昏迷等症状，最后死亡。常有30%～70%的同窝仔猪发病，死亡数占发病总数的25%，或全窝死亡。仔猪低糖血症的病因有：①仔猪出生后吮乳不足；②仔猪患有先天性糖原不足，同种免疫性溶血性贫血，消化不良等是发病的次要原因；③低温、寒冷或空气湿度过高使机体受寒是发病的诱因；④仔猪在出生后第1周内缺少糖异生作用所需的酶类，糖异生能力差，不能进行糖异生作用，血糖主要来源于母乳和胚胎期贮存肝糖原的分解，如吮乳不足或缺乏时，则肝糖原迅速耗尽，血糖降至2.8mmol/L即可发病；血糖降低时，影响大脑皮质，出现神经症状；⑤有的仔猪患大肠杆菌病、链球菌病、传染性胃肠炎等疾病时，哺乳减少，并有糖吸收障碍，可导致发病。本案例误诊是一看乳猪有神经症状、流涎就断定伪狂犬病。因基层猪病防治一般主要以传染病为主，从业人员发现临床症状后就往传染病上对号。因此，一个较容易鉴别的病例就这样被误诊了。

（五）实验室鉴别诊断

对于仔猪低血糖病，采集病猪血液，测定血糖含量，可见血糖明显降低，含量由正常每升4.26 ~ 8.34毫摩尔（每分升76 ~ 149毫克）降至每升2.8毫摩尔（每分升50毫克）以下。

对于仔猪伪狂犬病的实验室鉴别诊断，在"第二章，四、仔猪水肿病误诊为伪狂犬病"中已有说明，此处不再赘说。

四、感光过敏误诊为附红细胞体病

（一）误诊原因及案例

猪感光过敏和附红细胞体病"红皮病"皮肤都有发红表现，只注意皮肤发红是导致误诊的主要原因：①感光过敏只发生在夏季，附红细胞体病"红皮病"也是夏季高发；②两病患猪均出现皮肤发红。

案例：2007年6月，某户饲养的12头约30千克的仔猪，发生一种以突然皮肤通红、发热为主的疾病。畜主赶紧到兽药门市部咨询，结果答复是"红皮病"，附红细胞体引起。首先开多西环素药物，用两次不见效果，后又用血虫净治疗仍然无效，随后请求笔者出诊。

临床症状：该养殖户共有猪舍13间，其中10间为全封闭式猪舍，另外3间是前些年用一排石棉瓦搭建的开放式猪舍。封闭猪舍猪的情况一切正常，而开放式猪舍的猪皮肤变化不一，有的表皮渗出黏稠组织液、变硬、龟裂，有露出鲜红色的创面。除了皮肤病变外，无其他明显症状。据畜主反应，患病前期都皮肤发红，两三天后才开始出现这些变化。仔细检查腋窝、腹股沟等处皮肤完好无损，发病部位主要是阳光照射部位。有的猪，因皮肤灼痛，而出现凹腰或突然倒地现象，但很快就起来，采食基本不受影响。同窝猪中3头黑猪没有发病。

综合以上见闻初步诊断感光过敏。随后建议养殖户用遮阳网罩住开放式猪舍，未用任何药物逐渐康复。

（二）误诊鉴别表

病名	流行情况	临床症状	剖检变化	药物治疗
感光过敏	暑天日光直射时，白猪一旦大量食入上述的某种植物，经日光照射体表，就会引起感光过敏	初期日光照射皮肤发红，继而表皮渗出黏稠组织液、变硬、龟裂，数日露出鲜红色的肉芽面；轻症病例，全身症状多无明显改变	同症状	
附红细胞体病	可通过接触、血源、交配、垂直及介昆虫叮咬等多种途径传播；四季都可发生，但多发生于夏秋	初期全身皮肤发红，喜趴卧挤堆，嗜睡；继而猪皮肤苍白、贫血；有些猪耳部、腹部见不规则的紫斑，指压不褪色；毛孔渗血，耳、眼周、肛门灰紫色	黏膜、脂肪和脏器显著黄染，常呈泛发性黄疸；肝脏肿大、质脆，细胞呈脂肪变性，呈土黄色或黄棕色；心肌松软，心外膜和心冠脂肪出血黄染	

（三）误诊实图解析

误诊实图详见图5-4-1至图5-4-8。

图5-4-1 感光过敏
初期皮肤发红

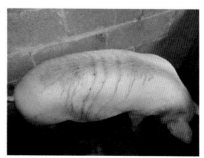

图5-4-2 感光过敏
继而表皮渗出组织液

图5-4-3 感光过敏
露出鲜红肉芽面

图5-4-4 感光过敏
变硬、龟裂

图5-4-5 附红细胞体病
毛孔渗血

图5-4-6 附红细胞体病
耳、眼周、肛门灰紫色

图5-4-7 附红细胞体病
心肌松软、心冠脂肪黄染

图5-4-8 附红细胞体病
肝脏肿大，呈土黄色

（四）误诊分析与讨论

感光过敏与附红细胞体病的区别：①感光过敏只有白猪发病，日光照射部位发红，而附红细胞体病患猪是全身发红；②感光过敏时患猪皮肤黏膜无贫血、黄染；③发红部位：感光过敏时日光照射部位发红，而附红细胞体病患猪是全身发红；④感光过敏时患猪皮肤有变硬、龟裂和露出鲜红肉芽面表现，而附红细胞体病患猪毛孔有渗血点。

感光过敏性中毒是指动物采食含有光敏物质或称光能效应物质、光能剂的植物饲料后，体表浅色素部分对光线产生过敏反应，以容易受阳光照射部位的皮肤产生红斑性炎症为其临床特征的中毒性疾病，又称为原发性光敏性皮炎、光能效应物质中毒或含光敏性饲料中毒等。本病主要发生于肤色浅、毛色淡的动物，如绵羊、山羊、白毛猪、白毛马等。还有一些植物本身所含光力子原物质尚少，但当寄生某些真菌后其光敏作用增强。例如，黍、粟羽扇豆、野藜藜等，被某些真菌寄生，动物采食这些植物亦易患光敏性皮炎。多年生黑麦草被纸状半知菌寄生后，可引起面疹。某些蚜虫侵害过的植物也可产生有光能效应物质。此外，饲料中添加的某些药物也可引起光过敏反应，如预防蠕虫或锥虫病的吩噻嗪、菲啶等，被家猪采食后亦可发病。

本案例主要是受风靡一时的所谓血虫病影响，诊断时只是从临床皮肤发红，就武断诊为附红细胞体病。这是极其不负责任的，只要调查病因就可以迎刃而解。

（五）实验室鉴别诊断

猪感光过敏一般根据给猪饲喂的饲料、发病特点、临床症状、病猪的剖检变化等情况综合分析判定。

对于猪附红细胞体病的实验室鉴别诊断，在"第二章，十二、乳猪附红细胞体病误诊为仔猪黄痢"中已有说明，此处不再赘述。

五、母猪中暑误诊为产后热

（一）误诊原因及案例

中暑和产后热均是夏季母猪分娩前后常见疾病，均有高热，呼吸道症状。

案例：2002年8月某日早晨，一养殖户打来电话，反应其饲养的一头经产母猪，产仔后出现高热41.8℃，呼吸困难。笔者根据反映情况初步怀疑产后热，让养殖户采取以下措施：立即用青霉素、氨基比林和地塞米松混合后一次性肌内注射。采取以上措施后，养殖户发现中午时症状不但没有减轻反而加重，体温升至42.4℃，仍然呼吸困难，见状后害怕了。立即请当地兽医，该兽医看后也说是产后热，随后调换药物又注射一次，说没事，晚上就好了。到晚上养殖户要求笔者出诊，说："刚才我一看，比原来病得还厉害，已经站不起来了"。随后笔者前去就诊。

临床症状：该养殖户的猪舍简陋，舍高约1.5米，人进去是要弯腰的。该猪舍虽然低矮，但敞开部分还是用苇箔遮挡住，舍内闷热。患猪体重约170千克，呼吸极度困难，口大量流涎，皮肤发绀，皮温灼热，结膜淤血，针刺无反应。根据以上情况，初步怀疑是中暑。

治疗：因患猪体重庞大，无法移动，向阴凉通风处转移较困难，随就地采取措施：①冷水泼浇和末梢放血：直接用井水泼浇全身，将耳尖、尾尖剪口放血；②用冰块（当时生活条件差，冰块就是约100克重、一角钱一包的"汽水"，当时一般小商店均有销售）把猪嘴撬开放入一块，腋窝、腹股沟、直肠内均放上冰块；③西药疗法：5%葡萄糖生理盐水1 000毫升加入2.5%氯丙嗪5毫升静脉注射。采用以上措施，1小时后，体温才降至39℃，虽然呼吸平稳，但仍不能站立。次日电话回访，病猪已经站起寻食。

（二）误诊鉴别表

病名	流行情况	临床症状	剖检变化	药物治疗
中暑	高温和热辐射的长时间作用下，机体体温调节障碍，盛夏炎热，环境高热多湿，极易导致中暑	兴奋不安，心跳加快，节律不齐，浅表性呼吸困难，大量流涎；皮肤烫手、体温可达42℃或更高；眼结膜初充血后淤血，步行不稳，痉挛抽搐虚脱死亡	猪血液黏稠、色暗，眼结膜充血，支气管内有较多的白色泡沫状黏液，心脏有出血点，胃内有未消化完全的饲料，鼻流血样泡沫，肺水肿，脑、脑膜充血和水肿	5%葡萄糖生理盐水1 000毫升加入2.5%氯丙嗪5毫升静脉注射
产后热	接产消毒不严引起的，产道损伤，细菌感染机会增加	体温升高，40.5～41.5℃，喜卧，减食或不食，身体寒战，呼吸加快，泌乳减少，阴户中流出脓性分泌物	脾脏肿大、柔软，肠黏膜，肾见出血点	抗生素、磺胺类药物均有效

（三）误诊实图解析

误诊实图详见图5-5-1至图5-5-8。

图5-5-1 中 暑
高温季节产仔不采取任何降温措施

图5-5-2 中 暑
临产母猪流涎、不安

图5-5-3 中 暑
呼吸极度困难

图5-5-4 中 暑
张口呼吸，大量流涎

图5-5-5 产后热
恶劣的环境易发生产后感染

图5-5-6 产后热
仔猪死亡和剩余仔猪瘦弱

图5-5-7 产后热
阴户中流出脓性分泌物

图5-5-8 产后热
尾、阴门周围污秽

（四）误诊分析与讨论

母猪中暑与产后热的区别是：①猪舍因低矮、通风不良、闷热，又是在炎热夏季，具备中暑发病条件；②中暑时猪大量流涎，皮肤灼热，产后热不具备流涎症状；③中暑时猪子宫无分泌物；④中暑用抗生素药治疗无效，退热药物不能降温。

中暑是日射病和热射病的总称，是猪在外界光或热作用下或机体散热不良时引起的机体急性体温过高的疾病。日射病是指猪受到日光照射，引起大脑中枢神经发生急性病变，导致中枢神经机能严重障碍的现象。热射病为猪在炎热季节及潮湿闷热的环境中，产热增多，散热减少，引起严重的中枢神经系统功能紊乱现象。在炎热的夏季，日光照射过于强烈、且湿度较高，猪受日光照射时间长、或猪圈狭小且不通风，饲养密度过大；长途运输时运输车厢狭小，过分拥挤，通风不良，加之气温高、湿度大，均可引起猪心力衰竭等发生中暑。综上所述，看似近似的两种疾病，细心分析是大不相同的。

（五）实验室鉴别诊断

母猪中暑一般根据皮肤灼热、大量流涎等临床症状及其所处猪舍环境即可判定，实验室检查可见白细胞总数和中性粒细胞比例增多，尿蛋白和管型出现血尿素氮、谷丙转氨酶和谷草转氨酶、乳酸脱氢酶肌酸磷酸激酶和红细胞超氧化物歧化酶增高，血液pH降低，血钠、血钾降低。

母猪产后热的临床特征是阴户中经常流出脓性分泌物，阴道肿胀，体温急剧上升，稽留热体温在40～41℃，根据临床症状即可判定。

六、猪尿路结石误诊为直肠阻塞

（一）误诊原因及案例

两病在临床上的相似之处是：①均表现精神不安；②均有频繁怒责现象；③体温均无特定变化。

案例： 2012年3月，某养殖户打来电话说有一头仔猪约30千克，频繁努责，拉不出粪便，问怎么办？笔者回复说"采取通便方法治疗"。第3天，又打来电话，说不行。并说昨天请兽医看过还是拉不出来。不光是拉不出来，还嘀嗒尿，今天没看到有尿。随后，笔者出诊。

临床症状：患猪站立于猪舍角落，用力努责，随后发现有少许粪便落下。查看粪便，虽然量少，但质地呈软弱甚至呈流体，完全不干燥，只是过渡努责粪便提前排出，含水量高而已。驱赶后，走几步还是努责，可见患猪包皮有节律抖动，同时发现尾部和肛门也有节律的抖动。这应该是排尿动作，但为什么无尿排出？尿道阻塞？立即用手掌拍患猪腹部，拍水音感觉明显。

临床症状：初步诊断为尿结石。经利尿等治疗无效，第2天死亡，剖检证实尿路结石。

本案例误诊主要是因为两病均有努责表现就以为是大便干燥造成堵塞，在明知粪便不干燥的情况下，还用开塞路通便。

（二）误诊鉴别表

病名	流行情况	临床症状	剖检变化	药物治疗
尿路结石	根据结石所在部位的不同，分为肾结石、输尿管结石、膀胱结石、尿道结石；本病的形成与环境因素、全身性病变及泌尿系统疾病有密切关系	排尿出现尿线变细、尿淋漓，由于频繁努责，有时可出现肛门突出或脱肛现象；当尿道完全阻塞时，腰腹绞痛、弓腰缩腹，频繁排尿动作，但无尿液排出，主要发生在公猪	尿结石主要发生在小公猪阴茎S弯曲处，大小呈沙砾状、石膏状及粉状，颜色因尿结石的成分而异	手术
直肠阻塞	粗纤维多的饲料，缺乏饮水或饲料中混有多量泥沙，可继发在某些传染病中	食欲减退，饮欲增加，腹围大，呼吸快，腹痛不安，听诊肠音弱或消失，经常作排粪姿势并无粪便排出	直肠黏膜水肿，肛门突出，小型或瘦弱的病猪可摸到肠内干硬粪球	倾泻

(三)误诊实图解析

误诊实图详见图5-6-1至图5-6-8。

图5-6-1 尿路结石
频繁努责,无尿排出

图5-6-2 尿路结石
虽然频繁努责,但指探直肠无积粪

图5-6-3 尿路结石
腹胀,排水音

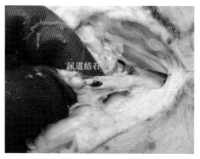

图5-6-4 尿路结石
剖检见尿路结石

图5-6-5 直肠阻塞
饮水增加

图5-6-6 直肠阻塞
用力努责,无便或排出几粒干便

图5-6-7　直肠阻塞
干硬便上有时附黏液

图5-6-8　直肠阻塞
阉割引起肠嵌闭造成的阻塞，肠胀
气、出血

（四）误诊分析与讨论

两病区别在于：①尿路结石可见尿线变细、尿淋漓；直肠阻塞可见粪便干粒；②频繁努责时：尿路结石可见排出少量软便或黏液，直肠阻塞可见肛门突出，用手探查可触摸到大量干硬便积聚肛门内；③尿路结石：肛门、阴茎包皮可见排尿时的有节律振颤，但无尿液或仅有少量尿液流出，且主要发生在公猪；④直肠阻塞：腹围大、口渴、呼吸快、无肠音。

尿路结石包括尿中晶体浓度过高和尿液理化性质改变两个方面。尿内晶体浓度增高，正常尿中常含有多种晶体盐类，如草酸盐、磷酸盐、碳酸盐、尿酸盐等。这些晶体盐类与尿中的胶质物质，如黏蛋白类和核酸维持相对平衡。若晶体盐类浓度增高或黏多糖类发生量或质的异常，乃造成晶体与胶体的平衡失调，晶体物质即可析出沉淀，形成结石。当脱水，尿量减少，尿浓缩时，尿中晶体盐类浓度增高，尿结石的发生率增加。有些情况可使体内晶体排出增多，也可使尿晶体浓度增高。原发性的尿道结石早期无疼痛症状，而继发结石患病猪尿道疼痛（从排尿时骚动不安看出）。

该病误诊主要有两点：①养殖户说有一头约30千克仔猪，频繁努责，拉不出粪便；②因在电话中获得信息，笔者没有详细询问也跟着感觉走。其实养殖户当天已经发现患猪尿淋漓，以为是排便不畅所致，没能把有效信息传输给兽医。

（五）实验室鉴别诊断

猪尿路结石是指尿路中盐类结晶凝结成大小不一、数量不等的凝集物，刺激尿路黏膜而引起的出血性炎症和尿路阻塞性疾病。临床上以腹痛、排尿障碍和血尿为特征。通过临床观察排尿、尿路探诊，可确定尿路中是否有结石及结石部位。用试管取尿液进行尿液检查，可见pH为7~8，蛋白质阳性，潜血反应阳性及尿中钙阳性等。对于幼龄猪和生长育肥猪可借助X摄线来检查尿路结石，但对大猪摄影困难。直肠阻塞通过临床症状即可判定。

七、仔猪溶血误诊为钩端螺旋体病

（一）误诊原因及案例

仔猪溶血误诊为钩端螺旋体病的原因是：①均有黄染表象；②均有血尿。

案例： 2013年5月，一个养殖场技术人员，带来了一头刚出生的7日龄仔猪，要求本站接诊。

临床症状： 病仔猪闭目委顿，震颤，皮肤苍白，结膜黄染，后躯摇晃。针刺耳尖放血可见血液稀薄，凝固不良。体温37.6℃，呼吸每分钟40次，心跳加快每分钟174次。

病理变化： 病仔猪皮下组织、肝脏黄染；脾脏、肾脏均肿大，肾包膜能剥离，但个别处粘连，肾表面有散在出血点；肠系膜均有不同程度的黄染；胃内积有大量未消化凝乳块；膀胱内尿液呈棕色。据反映，有一头初产母猪，产出13头仔猪，生后第2天，有1头仔猪发病，次日死亡，以后陆续发病死亡3头。临床症状均是贫血黄疸，呼吸困难。个体大的发病，其中个体小的仔猪、体况差的至今未发病。原以为是钩端螺旋体病，在第1头仔猪发病后，就对全群用青霉素加倍量肌内注射，每天2次，连用3天无效。在有关部门帮助下，采集母猪的血清和初乳同所产仔猪的红细胞悬液作凝集试验，结果为阳性。诊断为仔猪溶血。

（二）误诊鉴别表

病名	流行情况	临床症状	剖检变化	药物治疗
仔猪溶血	仔猪父母血型不合，仔继承父畜的红细胞抗原，仔猪吮吸含有高浓度抗体初乳引起溶血	最急性吃初乳数小时死亡，急性吃初乳后24～48小时，精神委顿，畏寒震颤，后躯摇晃，尖叫，皮肤结膜苍白黄染，尿棕红，血不凝；呼吸、心跳加快	皮下组织、肠系膜、肠不同程度黄染；胃积有大量乳糜；肝脏肿，橘黄色；脾、肾肿大，肾包膜下有出血点；膀胱内积棕红尿	
钩端螺旋体病	病猪和鼠类是本病的主要来源；夏春多发，呈地方性流行	下颌、头、颈部和全身水肿；结膜及皮肤潮红、泛黄，血尿；孕母猪20%～70%流产且多见于孕后期；便绿色，有恶臭味，病长见血便；死亡率可达50%以上	皮下组织、浆膜、黏膜有不同程度的黄疸；胃壁、颈部皮下、以及气管周围组织均水肿。心内膜、肠系膜、肠、膀胱黏膜出血；肝肿大，棕黄色	多种抗生素、磺胺类药物等有效

（三）误诊实图解析

误诊实图详见图5-7-1至图5-7-8。

图5-7-1　仔猪溶血
震颤，后躯摇晃

图5-7-2　仔猪溶血
肝脏肿大，呈橘黄色

图5-7-3　仔猪溶血
胃积有大量凝乳块

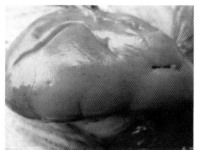

图5-7-4　仔猪溶血
肾出现散在出血点

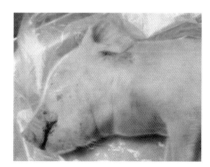

图5-7-5　钩端螺旋体病
头颈部肿胀

图5-7-6　钩端螺旋体病
结膜黄染

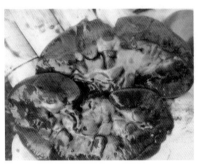

图5-7-7　钩端螺旋体病
肾切面黄染

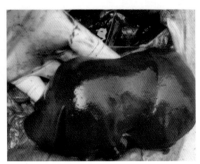

图5-7-8　钩端螺旋体病
肝肿大，棕黄色

（四）误诊分析与讨论

仔猪溶血与钩端螺旋体病的区别是：①仔猪溶血是出生仔猪必须是吃初乳后发病，发病猪是个体大的首先发病。而钩端螺旋体病不分年龄均可发病；②仔猪溶血会传染其他猪群，而钩端螺旋体病具有传染性，怀孕母猪感染可出现死胎；③仔猪溶血无季节性，而钩端螺旋体病夏季多发；④仔猪溶血发病仔猪颈部无水肿，而钩端螺旋体病头颈部肿胀，俗称"大头瘟"。

新生仔猪溶血症是由新生仔猪吃初乳而引起红细胞溶解的一种急性溶血性疾病，临床上以贫血、黄疸和血红蛋白尿为特征。虽然只是个别窝猪发病，但死亡率可达100%。该病发生主要是仔猪父母血型不合，仔猪继承的是父亲的红细胞抗原。这种仔猪的红细胞抗原在妊娠期间进入母体血液循环，母猪便产生了抗仔猪红细胞的特异性同种血型抗体。这种抗体分子不能通过胎盘，但可分泌于初乳中。仔猪吸吮了含有高浓度抗体的初乳，抗体经胃肠吸收后与红细胞表面特异性抗原结合，激活补体，引起急性血管内溶血。本案例误诊还是少见病与常见病的问题，因此诊断时虽然有顺序，但也要根据实际情况客观公正的诊断，随大流、跟风走的诊断实在不可取。

（五）实验室鉴别诊断

对于仔猪溶血病，可采集母猪的血清和初乳同所产仔猪的红细胞悬液作凝集试验、溶血试验或直接Coombs试验。

钩端螺旋体病的病原为问号钩端螺旋体，是一种纤细的螺旋状微生物，菌体有紧密规则的螺旋，长4～20微米，宽约0.2微米。菌体的一端或两端弯曲呈钩状，沿中轴旋转运动。旋转时，两端较柔软，中段较僵硬。可采集病猪体液用暗视野显微镜或经过适当染色后用光学显微镜检查，可见钩端螺旋体。也可采集病猪血液，应用酶联免疫吸附试验或间接红细胞凝集试验检测血中抗体水平。

参 考 文 献

张弥申. 2013. 十大猪病诊断多病例对照图谱[M]. 北京：中国农业科学技术出版社.

宣长和. 2010. 猪病学. 第三版[M]. 北京：中国农业大学出版社.

赵德明. 2004. 兽医病理学. 第二版[M]. 北京：中国农业大学出版社.

宣长和. 2013. 规模化猪场疾病信号监测诊治辩证法一本通图谱[M]. 北京：中国农业科学技术出版社.

芦惟本. 2012. 跟芦老师学猪的病理剖检[M]. 北京：中国农业出版社.

斯特劳B.E. 赵德明，张仲秋，沈建忠译. 2008. 猪病学. 第九版[M]. 北京：中国农业大学出版社.

潘耀谦. 2010. 猪病诊治彩色图谱. 第二版[M]. 北京：中国农业出版社.

蔡宝祥，郑明球. 1997. 猪病诊断和防治手册[M]. 上海：科学技术出版社.

陈怀涛. 2008. 兽医病理学原色图谱[M]. 北京：中国农业出版社.

王春傲. 2010. 猪病诊断与防治原色图谱[M]. 北京：金盾出版社.

宣长和. 2011. 猪病类症鉴别诊断与防治彩色图谱[M]. 北京：中国农业科学技术出版社.

吴家强. 2012. 猪常见病快速诊疗图谱[M]. 济南：山东科学技术出版社.

甘孟侯，杨汉春. 2005. 中国猪病学[M]. 北京：中国农业出版社.